JN000938

War, Battle, and Economy

The History Behind Warfare

戦争と経済

舞台裏から読み解く戦いの歴史

小野圭司 ONO KEISHI

日本経済新聞出版

まえがき

歴史を紐解くと、人間はとにかく戦争をしている。「人間がすぐ戦火を交えてしまうのが破壊欲動のなせる業（わざ）」（ジークムント・フロイト「アインシュタインへの手紙」）という言葉にも妙に納得してしまう。

ところで戦争では財やサービスが消費される。その消費のために戦場の周りでは、生産、投資、交易が行われる。言い換えると、時代を通して経済活動は戦争を包み込んでいた。

したがって戦争と経済の関わりを論じること自体は自然なことだ。実際、戦争と経済に関して優れた研究や文献が世に溢れている。戦国時代や明治以降の日本、中世・近世の欧州、近現代の世界など、対象も多岐にわたる。

惜しむらくは、その多くが個々の分析に留まっていることだ。深掘りはされているが、間口は思いのほか狭い。それに不満があるわけではない。ただ戦争と経済の関係は、マクロ的な俯瞰の対象となることが少なかった。そして私自身は、俯瞰するように物事を捉えるのを好むというだけだ。

夜空に散らばる星たちは、拡大された天体写真で観ると吸い込まれんばかりに美しい。他方で、ケシ粒ほどの星を仰ぎ見るままつなぐと星座となり、それぞれに物語が語られてきた。同じようなことが、戦争と経済の関わりでもできそうな気がする。

本書では、それら一つひとつを経済学で結び付けてみた。場所も時代もバラバラな戦争と経済の関係を、あえて経済学で語るには狙うところがある。人間の合理性を通して観察することだ。

経済学の根底には、人間は合理的に判断し行動するという前提がある。味と大きさに差がないリンゴが１００円と１２０円で売られていれば、１００円のものを買う。この合理性は、時間と空間を超えて人間に備わっている性質だ。古代メソポタミアのバザール、平安京の東西市、そして21世紀のウォール街にほど近いスーパーマーケットでも、客は「値段の割に品質が良い」「品質の割に値段が安い」ものを選び、そうでないものは売れ残る。

馬上から弓を放つ騎馬兵は消え、成層圏を音速で飛ぶ戦闘機がミサイルを撃つ時代となった。しかし「合理性」の原理は、草原（ステップ）を駆ける騎馬兵もＦ－35を操るパイロットも変わらない。この合理性で戦争を語る役回りを、経済学に委ねることにした。

属人的な観点は後ろに下がり、数字も交えた客観性を軸に戦争と経済の変遷を語ることになるだろう。とは言うものの人間の行うことなので、自然科学のように論理性が一貫しているわけでもない。個々の合理的行動が必ずしも集団の合理性に結び付くものでもない。何よりも合理性に対する姿勢や評価、そしてその尺度が時代や場所によって常に変化してきた。

戦争と経済の関係を俯瞰すると、これらがまとまって視界に入ってくる。「破壊欲動のなせる業」とは異なる、人間の営みとしての戦争の断面を探訪してみたい。

目次

第6章　さんまを味わう傍らで　戦争の産業論

第7章　秀吉が授けた知恵　戦争の通商・貿易論

第8章　傭兵は消え去らず　戦争の公共経済学

第9章 彼らはすでにワシントンにいた 戦争の経済思想

第1章 戦争のミクロ経済学

信長は合戦を金（かね）で買った

織田信長は合戦以外にも、楽市・楽座や関所の廃止、南蛮貿易などの経済政策で大きな功績を挙げている。こうして彼は多数の兵力と大量の新兵器・鉄砲を揃えることができた。

あまつさえ1573年1月の三方ヶ原の戦いで、武田信玄の西上軍に完膚なきまでに叩きのめされた後には、信長は朝倉義景に大金を送って近江から退かせ背後の憂いを断つ。このように「信長は合戦を金（かね）で買った」（新田次郎『武田信玄』）。

もちろん算盤片手に戦いに臨むのは信長に限ったことではない。戦争するには準備も含めて資金が必要で、何よりも軍隊は存在するだけでカネがかかる。

1　兵術は算術

家康が恐れたもの

「大軍に関所なし」という言葉がある。ここでいう関所とは京の七口（大原口、丹波口など）や箱根に設けられた往来の検問ではなく、中国の函谷関のような要害・防壁を指す。大軍は防ぎようがないという意味だ。「箱根八里」の歌詞に「箱根の山は天下の険、函谷関も物ならず」とあるが、実際に「物ならず」なのは箱根の方だ。

兵力も軍資金も多い方が有利に決まっている。「寡は固より以て衆に敵すべからず」（『孟子』梁恵王章句上）だが、軍資金が十分でなければ関所を突破できる兵力も集められない。兵術以前に算術がある。

石高では徳川家康400万石の6分の1に満たない65万石の豊臣秀頼が、大坂の陣（1614・15年）では家康が率いる日本中の大名を敵に回し、少なくとも冬の陣では優位に立つことができた。これも豊臣秀吉の代から蓄えた莫大なカネで、牢人たち約10万人を兵士として募集できたからだ。

京都国立博物館が建つ場所は、かつては北隣にある方広寺の境内だった。大坂の陣のきっかけともなったのは、「国家安康　君臣豊楽」で有名な方広寺の鐘銘事件だが、方広寺ではこの梵鐘に加えて東大寺よりも大きい大仏（高さ19m、東大寺のものは15m）の建造も行われていた。方広寺には秀吉が命じて造立した木製の大仏があったが、秀吉が亡くなる2年前に地震で壊れた。新しい大仏はこれに代わるものだった。

大仏は現存しないが、博物館敷地の隣、七条通り沿いの低い石垣の上に目立たないように立つ「大仏前交番」の名が往時を思い起こさせる。

大仏建造は秀吉の供養として家康が秀頼に進言したもので、秀吉の追悼や秀頼の武運長久を名目に、他にも寺社の造営・修繕を行わせた。広く知られているように、これらは豊臣家の財力を削ぐことが真の目的であった。

もっとも豊臣家の財力は、この程度の支出ではびくともしなかった。大坂城の落城後、幕府は城の焼け跡から金２万８０６０枚、銀２万４０００枚を回収しているが、その額は大坂冬・夏の陣を合わせてもう一度行うに足ると見られている。豊臣方には一時期、金９万枚、銀16万枚があったとする記録もあるので、これだと大坂の陣を３回繰り返してもお釣りがくる。事程左様に、家康が恐れていたのは豊臣家の兵力ではなく財力だった。


大坂の陣から2世紀半後、鳥羽・伏見の戦い（１８６８年）で旧幕府軍が敗れ徳川慶喜が大坂を離れた後、榎本武揚が幕府軍艦「富士山丸」で18万両を大坂城から江戸に運び出している。他方で勝海舟は、官軍の手に渡った時の大坂城内には１２０万両分の金銀銅錫があったと見ていた（勝安芳『海舟日誌』）。これは当時の幕府歳入の約10％に当たる。大坂城は徳川幕府の草創期では敵対する豊臣方の、また終末期には幕府の軍事拠点であったが、それは同時に資金拠点でもあった。

この１２０万両の行方だが、明治政府の第1期（慶応３〔１８６７〕年12月～明治元〔１８６８〕年12月）の歳入科目「旧幕残金」には36万円（１円＝１両）しか記されていない。大坂城以外にも旧幕残金があったことを考えると、36万円というのはいかにも少ない。当時の官軍は各藩の持ち出しで構成されていた。したがって推測の域を出ないが、新政府の財政機構が固まっていない時期に官軍が入手した幕府の残金は、新政府を通さずに各藩が戦費に充てたのではないか。

カネに事欠いては戦争にならない。ただし近代国家では、財政支出である戦費は財政当局の査定を受け、国民の代表である議会で承認される必要がある。しかし敵と対峙している軍から「あれが必要、これもないと戦えない」と悲痛な声が届くと、後ろで支える財政当局や議会は財布の紐を緩めざるを得ない。

戦費の使い道

それでは戦争を行うには、どのような経費が必要となるのか。

表1－1に旧日本軍の経費支出科目一覧を示す。軍を動かすには兵士の給料はもちろん、食料、医療関係、武器や設備の調達・修理、燃料や輸送費などが必要となる。

工場での生産は、「労働力、生産設備、原材料」の組み合わせで実行される。生産設備は固定資本で、原材料は消耗品に当たる。原材料を投入した生産設備を労働者が操作して生産が行われる。「戦力の生産」も同じで、「兵員、耐久装備品、消耗装備品」が関係する。弾薬や燃料を戦車や戦闘機に装着・準備して、それを兵士が操作することで戦力が発揮される。腹が減っては戦ができないので、兵士の食料も必要となる。

戦闘のたびに弾薬・燃料や食料は消費されるが、戦車や戦闘機は修理をしながら使い続けられる。これは戦闘であっても、災害救助であっても、「軍が能力を発揮する」という点では変わらない。

表1-1　旧日本軍の経費の支出科目

資金使途区分	主な支払い科目
兵員関係	俸給費、糧食費、被服費、治療費、傷病費
武器調達・維持修理	兵器弾薬費、軍艦購入費、修理費、馬匹費
施設など建設	施設費、築造費、各種設備建築費、営繕費
需品関係	需品費、燃料費、艦営費、軍港要港費
輸送費・旅費	運輸費、輸送費、旅費、船舶費

出所：小野圭司（2021）『日本 戦争経済史――戦費、通貨金融政策、国際比較』日本経済新聞出版

軍が能力を発揮するのに要する経費は、「兵員、耐久装備品、消耗装備品」を調達・維持するための支出ということになる。ただこの中身は、時代とともに変化してきた。

古代ギリシアの都市国家では、市民が義務として武器を自弁して武装し国家防衛の任に当たっていた。古代ローマでも武器を自弁できる中小農民らが市民の権利を得て、ローマ軍の中核となる重装歩兵を形成した。ただし戦争の長期化と拡大した属州からの安価な穀物流入は中小農民を没落させたので、彼らが重装歩兵となって市民軍を編成することができなくなった。

紀元前２世紀末期のローマの執政官ガイウス・マリウスは、この解決策として無産市民から志願兵を募集して職業軍人を育成した。つまり徴兵制から志願制への転換で、武器は国家が支給する。ただしカネを使った兵士の募集と武器の供与は、後に財政を握る有力者が軍隊を私兵化させる原因ともなった。

日本でも奈良時代や平安時代の防人は食料や武器は自弁で、鎌倉時代から戦国時代でも食料は戦いに参加する兵士が自分で用意した。応仁の乱で大量発生した足軽も基本的に無給であり、戦いに乗じた掠奪・乱取りで得たものが報酬となっていた。ただし戦国時代には戦いの規模も大きくなり、兵士を多く集めるためにも大名が兵糧を用意するようになる。

欧州では中世に入ると、傭兵が兵士の多くを占めた。彼らも武器・食料は自前だった。傭兵は掠奪による収入を織り込んだ給料を受け取り、これで食料や武器も含めた必要なものを現地で軍隊に付き従っている商人から買う。

16世紀になると、傭兵の雇用者である君主が食料を供給する動きも現れた。

16〜18世紀の欧州における軍による食料調達は、穀物の国際取引を促進させ資本主義的な大農場経営を誕生させた。また18世紀のプロイセンでは、陸軍の消費活動が農村主体の自給自足経済を崩壊させ、軍の駐屯が都市化を促進することで資本主義の発展に貢献する。

武器についていえば、傭兵はもちろん、常備軍であっても当初は各兵士が自分で武器を用意した。ただ武器商人の紹介を政府が行うことはあった。

兵士が刀剣や小銃を自前で用意することはできても、産業革命を経ると武器は工業製品となり、個人の財布では賄えなくなる。また運用効率を高めるために、弾薬や部品の規格を統一する必要も出てきた。こうして18世紀に入ると、政府がまとめて調達して兵士に提供するように変わっていく。

19世紀には蒸気機関が海軍艦艇の動力として導入され、20世紀には航空機・戦車が登場し、野戦砲や艦艇の大型化も進む。軍隊は労働集約的な組織から資本集約的なものへと変貌するのだが、それに伴って戦費の構成も変わってくる。

日本の例では、戦費に対する兵員関係の支出比率は、19世紀や20世紀初頭の西南戦争・日清戦争・日露戦争では50％程度だったものが、第一次世界大戦・シベリア出兵で35％、日華事変・太平洋戦争になると22％に低下した。これに対して装備調達・維持修理はそれぞれ10〜20％、24％、46％と時代が下るにつれて増えていった。

汗馬の労

表１－１の中には「馬匹費（ばひつひ）」という、現在では見られない科目がある。紀元前から馬は騎兵や輸送の動力として軍の主要装備であり、これは近代になっても変わらなかった。ナポレオン戦争（１８０３～15年）の頃の軍の編成では全兵力の約5分の1が騎兵で、それ以外にも砲架を牽引する輓馬や荷物を背に載せて運ぶ駄馬などがいた。

馬の役割に変化が現れたのが第一次世界大戦だ。そこでは塹壕戦が主体となり、標的となりやすい騎兵は急速に存在価値を失い、戦車に取って代わられた。ただしそれ以降も、軍馬は輸送動力として重要であった。第一次世界大戦は連合国の動員兵力４２００万人、中央同盟国のそれが２３００万人であったが、軍馬はそれぞれ３６６万頭、２２５万頭が動員された。

第二次世界大戦の時点では、輸送動力の自動車化を成し遂げたのは米英軍やソ連軍の一部に限られた。機械化部隊と航空機による電撃戦をいち早く確立したドイツ陸軍も物資輸送（兵站（へいたん））は軍馬頼みで、大戦末期に燃料が欠乏すると馬への依存はさらに大きくなった。

日本もその例に漏れず、１９４１（昭和16）年12月の太平洋戦争勃発時点で、兵站部門が自動車化されていたのは51個師団中、近衛師団・第5師団（広島）・第48師団（台湾）の3個師団に過ぎなかった。

第二次世界大戦での軍馬動員数は、連合国・枢軸国合わせて８００万～１０００万頭に達したと見られている。ドイツはソ連侵攻のバルバロッサ作戦開始時（１９４１年6月）には、兵力３００万に対して75万頭の軍馬を投入した。

日本の場合には日清戦争での軍馬動員数が3万頭（動員兵力25万）、日露戦争で17万頭（同124万）、日華事変・太平洋戦争では50万～60万頭（同740万）であった。比較のために数字を挙げると、日本の総馬数は日清・日露戦争の頃で140万頭、日華事変・太平洋戦争の頃で120万頭だった。なお2020年の日本の総馬数は7万8000頭で、その45％は北海道で飼育されている。

日清・日露戦争では日本在来馬は欧米馬に比べて体格が小さく、軍馬としての適性を欠くことが明らかとなった。このため平時から民間馬を改良しておく方針が採られた。軍による馬の買い上げ価格は市場価格より6割以上高かったので、馬産農家にも利益があった。馬は農業・林業の動力としても用いられたので、明治から昭和前半までは飼育頭数は牛とほぼ同数だった。

旧陸軍では1個師団が兵士約2万人に対して馬匹は5000頭近くを擁していた。このうち乗馬用の馬は4分の1から3分の1で、残りは砲架牽引用や物資運搬用だ。1941年6月の支那派遣軍では編成定数が人員73万・馬15万、同年9月の関東軍では人員70万・馬14万だった。

戦時になると、予備の軍馬を管理する馬廠や、傷病馬の治療に当たる病馬廠が師団に設置された。日清戦争で動員された軍医が約700人だったのに対して獣医は100人、日露戦争の時ではそれぞれ4500人と700人であった。獣医の動員数は人数・頭数比で見ると軍医よりも手厚いぐらいで、馬がどれほど大切であったかが分かる。だから功績を挙げた馬には「功章」という勲章も授与された。なお軍犬・軍鳩も功章の対象だった。

もっとも兵士向けには、軍医に加えて多くの衛生兵などが配置されていたので、さすがに医療体制が軍馬よりも疎かだったということはない。

馬も腹が減っては戦えないので、軍馬のある限り糧秣の用意は欠かせない。兵士1人分の糧食は米・副食・調味料で1日1・2kgだったが、馬の糧秣は麦・干草・藁などで1頭当たり1日15kgが標準となっていた。馬匹は兵員の7分の1から15分の1という数を考えると、軍馬の糧秣は兵士の糧食とほぼ同量から2倍となる。

したがって馬の糧秣確保は、軍隊にとって大きな負担だった。日清戦争の時には、馬の確保に加えて糧秣の調達にも不安があり、輜重輸送を馬の背に荷物を載せる駄馬編成ではなく、車両編成としたところもあった。この「車両」は荷車・大八車で、本来は輓馬がこれを曳くが、軍夫が代わりを務めることも稀ではなく、彼らの働きは文字通り汗馬の労だった。

現代の戦費

現代の戦争では、どれほど戦費がかかるのか。少し荒っぽい試算となるが、フォークランド紛争（1982年）、湾岸戦争（1991年）、イラク戦争（2003年）の戦費を比較してみよう（表1－2）。

軍隊を動かすには周到な準備が必要だ。特に遠距離に派遣する場合、輸送手段や補給の準備、それらを委託する企業との調整が欠かせず、湾岸戦争やイラク戦争では継戦期間よりも準備期間の方が長い。

フォークランド紛争に臨んだ英軍は、アルゼンチン軍の上陸部隊派遣から約2週間でフォークランド諸島周辺海域を封鎖して反撃準備に入った。ただ両国間の緊張はそれ以前から高まっており、英国

表1-2　現代の戦費・災害時活動経費

	フォークランド紛争（1982年）	湾岸戦争（1991年）	イラク戦争*（2003年）	東日本大震災（2011年）
動員兵力	英軍：2.6万人	米軍：66万人	米軍：44万人	自衛隊：10.7万人（最大）約6万人（平均）
陸・海・空の隊員比	35 : 45 : 20	75 : 15 : 10	70 : 20 : 10	65 : 15 : 20
継戦（＋準備）期間	2（＋0.5）カ月	1.5（＋6）カ月	1.5（＋3）カ月	5.5カ月
兵站物資準備量	―――	60日分	5〜7日分	―――
戦費（2011年ドル換算）	7億ポンド（27億ドル）	611億ドル（994億ドル）	328億ドル（399億ドル）	1,516億円（19億ドル）
兵員1万人・1カ月当たりの戦費（単位戦費）	4.2億ドル	2.0億ドル	2.0億ドル	0.6億ドル

注：イラク戦争（2003年）の値は米議会予算局の見積もりをもとに推計。実際の動員兵力は47万人。陸・海・空の隊員比は合計を100としている。米軍の陸軍隊員数は海兵隊隊員を含む

出所：Lawrence Freedman（2005）*The Official History of the Falklands Campaign*, Volume II: War and Diplomacy, London: Routledge、Michael Motley, et al.（1991）“Operation Desert Shield/Storm: Costs and Funding Requirements,” *GAO Report to the Chairman, Committee on Armed Services, House of Representatives*、Congressional Budget Office（2002）*Estimated Cost of a Potential Conflict with Iraq*, Washington DC: Congressional Budget Office、防衛省編（2011）『平成23年度版 防衛白書』ぎょうせい、笹本浩（2011）「東日本大震災に対する自衛隊等の活動――災害派遣・原子力災害派遣・外国軍隊の活動の概要」『立法と調査』参議院317号、福嶋博之（2011）「4兆円規模となった平成23年度第1次補正予算――課題を残した復興財源の確保」『立法と調査』参議院317号より作成

側は「万が一」に備えて多少の準備はしていた。

さらには湾岸戦争やイラク戦争に比べると、部隊の規模が20分の1程度と極めて小さかったことも準備期間が短かった要因だ。ただ英国機動部隊の出航までわずか2週間とはいえ、「鉄の女」マーガレット・サッチャー首相にしてみると、この間は一日千秋の思いであったに違いない。

ちなみにアルゼンチンの方は、フォークランド上陸準備に3カ月半をかけていた。

派遣した軍隊の規模が大きく異なるので、かかった戦費はフォークランド紛争と湾岸戦争・

イラク戦争では15～40倍近い開きがある。しかしインフレを勘案した兵員１万人当たり１カ月の戦費（単位戦費）では、フォークランド紛争の方が2倍以上となっている。これは離島での作戦だったため、海軍や海上輸送部隊への依存が大きかったことが理由だ。

兵員全体に占める海軍の比率を見ると、湾岸戦争が15％、イラク戦争で20％だったのが、フォークランド紛争では45％だった。湾岸戦争・イラク戦争では、陸軍部隊の展開にクウェートやサウジアラビアなど友好国の「陸地」が利用できる。結果としてフォークランド紛争に比べると、軍の運用経費が小さくなった。

このため「陸地が使える」という条件が同じである湾岸戦争とイラク戦争では、単位戦費が同額となっている。ただ全体の戦費は、イラク戦争では湾岸戦争の半分以下となっている。これは動員兵力が少ないことと、準備期間が短いことが大きな要因だ。

米軍は湾岸戦争の経験から、クウェートやインド洋のディエゴ・ガルシア島に軍需物資を事前集積してあった。このためイラク戦争では準備期間が短くて済んだ。さらに米軍にとっての外部要因として、イラク軍の弱体化もあった。イラク軍の兵員・野戦砲・戦車や作戦機の数が、湾岸戦争後の10年余りで約半分に縮小した。したがって、投入兵力も少なくて済んだ。

自衛隊の運用経費

参考までに、東日本大震災での自衛隊の活動経費（２０１１年）も併記した。自衛隊にとっては警察予備隊の創設（１９５０年8月）以来、最大規模の部隊派遣だった。派遣隊員の数は、フォークランド紛争に投入された英軍よりも多い。

部隊派遣の目的が異なるので単純な比較はできないが、東日本大震災での単位戦費は、フォークランド紛争の7分の1、湾岸戦争・イラク戦争の3分の1弱だ。これまで見てきたことを踏まえて、東日本大震災での単位戦費がフォークランド紛争や湾岸戦争・イラク戦争に比べて小さい理由を考えてみよう。

軍の運用経費は部隊規模が大きく、長期戦となり、遠隔地で戦う場合には増加する。したがって所要戦費は、

「兵員数」×「継戦期間」×「移動距離」

に比例する。これは直感的にも理解できる。

つまり「兵員数」と「継戦期間」で割った単位戦費は、「移動距離」に左右される。

ここで取り上げた3つの戦争は、すべて本国から遠く離れた所で起こっている。フォークランド諸島はロンドンから1万3000km、イラクの首都バグダッドもワシントンから1万km離れている。米国の場合、東海岸と西海岸の間は4000kmの距離があるので、国内で部隊が集結するのも大変だ。

しかし東日本大震災での災害派遣は国内の移動だけで済む。震災対応の統合任務部隊司令部が置かれた仙台駐屯地は東京から350km、大阪とは600km、那覇からでも1800kmしか離れていない。

これは部隊の派遣だけでなく、物資補給（兵站）の負担を軽くする。現地到着後も、部隊は配置や作戦行動で燃料を消費する。湾岸戦争では準備期間も含めて、50億リットルの燃料を必要とした。

そして車両や艦艇・航空機は燃料を食うが、兵士は食事をとれば水も飲む。66万人がいると1日2

００万食を用意しなければならない。日本全国の小学校で提供される給食が１日６００万食だ。屈強な米軍兵士は、１人で小学生の学校給食３人前ぐらい軽く平らげるだろう。そう考えると、イラクで行動していた米軍が必要とする食料は、日本中の小学校で提供される給食とほぼ同じ量となる。

これだけの食材や飲料は現地では調達できないので、遠く１万km も離れた本国から輸送することになる。補給路（兵站線）が短いと、こうした負担は大きく軽減される。

そして「移動距離」以外に、任務の性質も単位戦費に影響する。災害派遣は戦争ではないので、派遣先で野戦築城（陣地構築）の必要はない。武器の修理や弾薬の補給も不要だ。戦況に応じた戦術機動を行うこともない。

逆にいうと有事の際の部隊運用経費は、災害派遣の数倍となることが予想される。

―２―浮かべる城の値段

大きさも値段もド級

並外れている様を、「ド（弩）級」「超ド級」と表現することがある。この由来は１９０６年に英国で竣工した、攻撃力と速力で従来艦をはるかにしのぐ革新的な英国の戦艦「ドレッドノート」で、機械仕掛けの弓を意味する「弩」は当て字だ。それまで戦艦は主砲が12インチ砲４門、速力18ノットが世界標準で、日露戦争で戦った日露両海軍の戦艦もそうだった。ところが「ドレッドノート」は12インチ砲10門を擁し、速力は21ノットを誇った。軍艦の堂々たる威容は、「浮かべる城」と呼ぶにふさわしい。

軍艦は他の武器・装備品に比べると、値段は文字通り「ド級」だ。このことは、その大きさや関わる人数の多さから容易に想像がつく。

古代の陸上武器で大型のものといえば、馬1～4頭で牽引するチャリオット（戦車）だ。これは広くエジプトやメソポタミアから中国でも使われており、1～4名の兵士が乗り込んでいた。当時としては強力な武器で、チャリオットを駆使したシリアの遊牧民ヒクソスは、それを持たなかったエジプト人王朝に代わって、紀元前17世紀から1世紀ほどナイル川下流域を支配する。

そうはいっても、やはり船の方が大きい。紀元前800年頃に地中海で活躍した初期のガレー軍船は、大型のものになると50人の漕手を要した。

近代初期の軍艦では、トラファルガー沖の海戦（1805年）でネルソン提督の旗艦をつとめた戦列艦「ヴィクトリー」（3500トン）は、乗員821名で104門の大砲を備えていた。この火力を同時期にナポレオンが率いたフランス陸軍に当てはめると、1500名規模の砲兵部隊に相当する。

軍艦はそれ自身が砲架であり移動手段だが、陸軍部隊の場合には砲兵部隊とは別に砲車を輓馬で牽引する部隊も欠かせない。砲車を牽引する部隊は砲兵部隊とほぼ同規模であったことから、104門の大砲を陸上で運用するには3000名に近い兵士が必要となる。砲車の牽引には4～6頭の馬が充てられ、食料・弾薬などの軍需品の運搬にも馬は必要だった。

なお英国ポーツマス軍港で保存されている「ヴィクトリー」は、現在も英国海軍の第一海軍卿（海軍武官の最高位）の旗艦となっている。

職住の場としての軍艦

また軍艦は、戦闘用の武器として以外の機能も併せ持つ。

１５４５年に沈没したイングランド海軍の軍用帆船「メアリー・ローズ」（８００トン、乗員５００名）が、英国プリマス沖の海底で発見されて１９８２年に引き揚げられた。船体の一部と一緒に見つかったのは、銃砲や刀剣・弓矢のほかに厨房設備や鍋、喫煙用パイプ、楽器、遊戯盤などの生活道具・娯楽用品、注射器や剃刀を含む医療・理容器具（当時は理容師が外科医を兼ねていた）、それに工具などであった。これらは戦列艦「ヴィクトリー」が展示されているポーツマス軍港で保存・公開されている。

つまり軍艦は移動要塞であり海戦となれば戦場と化すが、平時には乗組員の生活の場であり、艤装や武器の修理工房でもあった。軍艦はその威容もさることながら、職住合一の点でも「浮かべる城」だ。

職住合一は現代でも変わらない。海軍艦艇が母港に戻ると、乗員は非番時には軍港近くの自宅に帰る。そして勤務時間には停泊中の艦艇に「出勤」して、装備の点検修理や事務仕事を艦内で行っている。これなどは、江戸時代の武士が登城して行政事務をする様を思い起こさせる。

たった四杯の上喜撰

時代や洋の東西を問わず、主力艦は財政負担を強いる。表１－３に見るように、今から2世紀前の英国にとって戦列艦「ヴィクトリー」の建造は、現在の米国が原子力空母を建造する以上の負担を強

表1-3　主力艦の価格と対政府支出の比率

	艦種	艦名	竣工年	価格	対政府支出比率
英	軍用カラック船	メアリー・ローズ	1512年	8,104ポンド	n.a.
英	戦列艦	ヴィクトリー	1778年	6万5,000ポンド	0.4%
米	外輪フリゲート	サスケハナ	1850年	70万ドル	1.8%
日	フリゲート	開陽丸	1866年	36万両	3.0%
日	海防艦	厳島	1891年	248万円	3.0%
日	海防艦	橋立	1894年	(349万円)	(4.5%)
英	前弩級戦艦	フォーミダブル	1901年	102万ポンド	0.5%
日	前弩級戦艦	三笠	1902年	1,176万円	4.4%
英	弩級戦艦	ドレッドノート	1906年	178万ポンド	1.2%
日	超弩級戦艦	陸奥	1921年	5,708万円	3.8%
米	超弩級戦艦	コロラド	1923年	2,700万ドル	0.8%
英	超弩級戦艦	ネルソン	1927年	750万ポンド	1.0%
日	空母	瑞鶴	1941年	8,450万円	1.0%
日	超弩級戦艦	大和	1941年	1億1,759万円	1.4%
米	原子力空母	エンタープライズ	1961年	4億5,000万ドル	0.46%
日	護衛艦（DDH）	いずも	2015年	1,139億円	0.12%
米	原子力空母	ジェラルド・R・フォード	2017年	133億ドル	0.33%
英	空母	クイーン・エリザベス	2017年	31億ポンド	0.39%

注：政府支出は竣工年の値を基準とし、空母の価格には搭載機の分は含まない。日本の「対政府支出比率」は一般会計のみで算出しており、特別会計は含まない。「開陽丸」の値は、当時の幕府財政の詳細が不明なため推計値。「橋立」の価格は室山義正の推定値で上方修正されている

出所：脇哲（1990）『軍艦開陽丸物語』新人物往来社、室山義正（1984）『近代日本の軍事と財政——海軍拡張をめぐる政策形成過程』東京大学出版会、Oscar Parkes（1966）*British Battleships*, London: Seeley Service & Co.、Peter Barratt（2004）*Circle of Fire: The Story of the USS Susquehanna in the War of the Rebellion*, Columbiad Press、B・R・ミッチェル編（1995）『イギリス歴史統計』〔犬井正監訳、中村壽男訳〕原書房、各国政府統計資料などより作成

いられた。それは英国海軍が装備する最新鋭空母「クイーン・エリザベス」の建造負担にほぼ匹敵する。もっとも第二次世界大戦前の英国では、戦艦1隻当たりの建造負担はそれを大きく上回っていた。

またペリー提督の日本来航時（1853年7月）の旗艦「サスケハナ」（2436トン）は、当時としては最大規模の軍艦だった。驚くことに19世紀半ばの米国連邦政府にとって同艦の調達は、21世紀における原子力空母の5倍を上回る財政負

担を要した。ペリー来航時の幕府の狼狽ぶりは、「泰平の眠りを覚ます上喜撰　たった四杯で夜も寝られず」（上喜撰は宇治の高級茶で蒸気船との引っ掛け）と狂歌にも詠まれたが、こんな高い買い物をしていた米国の財政当局も、枕を高くして寝ることなどできなかったはずだ。

当時の米国連邦政府は、郵便馬車を国内の輸送網として運営していた郵便事業が軍人を含む国家公務員の約半分を占めるような、いわゆる「小さい政府」だったことが、この数字を生んだカラクリである。郵便局が軍艦を買うようなもので、財政への負荷は自然と大きくなる。

財政負担は国によって大違い

表1－3からは、日本が相対的に大きな財政負担を覚悟のうえで、海軍力を整備したこともうかがうことができる。日露戦争時に連合艦隊旗艦となった戦艦「三笠」は、英国戦艦「フォーミダブル」の改良型だ。しかし建造の財政負担を比較すると、「フォーミダブル」の価格は英国の財政支出の0・5％に当たるのに対し、「三笠」のそれは日本の財政支出の4・4％である。つまりほぼ同型の戦艦を整備するのに、日本は英国の約9倍の負担を必要とした。「大和」ですら、この値は1・4％でしかない。

このように明治政府にとって主力艦は極めて高価な買い物だった。それも輸入なので、貴重な正貨（外貨）を大量に消費する。だから日露戦争初頭の旅順口閉塞作戦で、戦艦2隻が機雷に接触して沈没した時の衝撃は大変なものがあった。これについては改めて触れる。

ただし1901年は第2次ボーア戦争の戦費で英国の政府支出が膨らんでおり、「フォーミダブル」の価格の対政府支出比率は相対的に低くなっている。

「陸奥」「コロラド」「ネルソン」は、「ワシントン海軍軍縮条約」（1922年）の下で海軍軍拡競争が収まった「海軍休日」（1922〜36年）の間、世界で7隻しかない16インチ（40センチ）砲搭載戦艦として君臨した。しかし日本はその建造費を賄うために、1隻当たり米英の4〜5倍の財政負担を余儀なくされた。

「ワシントン海軍軍縮条約」で米英日の主力艦比率は5・5・3となったが、それでも日本の財政負担は米英の2・5〜3倍となる計算だ。この軍縮条約が締結された1922年の海軍費が各国のGNP（国民総生産）に占める割合は、米国が0・6％、英国が2・1％、そして日本が2・4％だった。2022年2月のロシアによるウクライナ侵攻を受けて、北大西洋条約機構（NATO）に加盟する欧州各国や日本では、国防支出をGDP（国内総生産）の2％を目標に増額する動きが現われたが、当時の英国や日本では、海軍費だけで2％を超えていた。

山小屋とキャンピングカー

日本では真珠湾攻撃が空母の有用性を証明したとされるが、英国ではこれがタラント空襲となる。真珠湾攻撃の約1年前、1940年11月11日の深夜、地中海を航行する英国海軍の空母「イラストリアス」を発艦した、羽布張り複葉のソードフィッシュ艦上攻撃機20機が、長靴の形をしたイタリア半島の踵付け根内側にあるタラント軍港を攻撃し、戦艦1隻を撃沈、同2隻を大破着底させた。

空母6隻・艦載機360機の攻撃で戦艦4隻撃沈、損傷多数、地上で航空機350機以上を撃破した真珠湾攻撃に比べると攻撃の規模ははるかに小さく、攻撃に参加した艦載機も旧式だが、難度の高い夜間雷撃による攻撃でもあり、空母の時代到来を告げるに十分だった。

表1-4　イラク戦争（2003年）への米軍参加兵力

	飛行回数 4月18日時点	作戦支援関係支出 7月末時点	飛行回数当たりの 運用経費
海軍	8,945回	21億ドル	23.5万ドル
空軍	24,196回	31億ドル	12.8万ドル

注：作戦支援関係支出の内訳は、訓練、需品・燃料、装備調達／改良、諜報活動、基地・兵舎の設立運営など
出所：General Accounting Office（2003）*Defense Logistics: Preliminary Observations on the Effectiveness of Logistics Activities during Operation Iraqi Freedom*, Washington DC: General Accounting Office、USCENTAF（2003）*Operation Iraqi Freedom By The Numbers*, Shaw Air Force Base, SC: USCENTAF より作成

なおタラントは古代ローマからの海軍基地で、紀元前3世紀にはローマとはアッピア街道で結ばれていた。

ところで空母の整備にはカネがかかる。戦前昭和期でいうと、空母の建造費は中型の蒼龍型（搭載機数57機）で1隻当たり４０２０万円、大型の翔鶴型（同72機）で８４５０万円だが、陸上航空隊（定数12機）の新規設営費は約４００万円に留まる。この価格には、いずれも配備される航空機を含まない。

例えるなら、簡素な山小屋と、調理器具から寝台・家電製品まで生活に必要なものをすべて載せて移動するキャンピングカーとの違いがある。陸上攻撃機を配備する陸上航空隊の予算上の編成機数は12機と少ないが、いったん基地を設営すると編成機数の増加は比較的容易だ。

ワシントンとロンドンという２つの海軍軍縮条約で、主力艦や空母の保有量に制限を設けられたことから、これを補う目的で陸上航空隊を充実させ、航続距離の長い攻撃機を南洋諸島に配備するという構想が立てられた。この試みは空母の隻数を補うだけではなく、戦力構築にかかる経費の点でも経済合理性に適っていた。

21世紀の現代でも、空母の運用にはカネがかかる。イラク戦争での公表数値から概算を試みる。

具体的な数値は表1－4に示す通りだ。イラク戦争での作戦機の飛行回数は、2003年4月18日時点で海軍の8945回に対し、空軍は2・7倍の2万4196回である。一方で同年7月末時点となるが、作戦支援関係の支出は海軍が21億ドルで空軍は31億ドルとなっている。この海軍の飛行回数と支出は海兵隊の分を含まない。

海軍・空軍の作戦支援関係の支出には作戦機運用と直接関係ないものも含まれるが、単純化のためイラク戦争での海・空軍の行動は作戦機運用が主体で、海・空軍の支出はすべて作戦機運用を支えるための間接経費を含む必要経費と見なすことにしよう。

この飛行回数と作戦支援関係支出から、飛行回数当たりの経費を求めると、艦載機の飛行回数当たりの運用経費は、空軍作戦機の約2倍となる。

浮かべる城での軍用機の運用は、浮かばない城に比べると高くつく。空母を整備するということは、「洋上を移動する航空基地」の利点が運用経費の差を十分補うものという合理的判断にもとづかなければならない。

—3— 戦費の行き着く先

酒・博打・女

兵士たちは戦ってばかりいるわけではない。戦いと戦いの間には、移動や準備・待機などの時間が流れる。彼らにとって戦いの合間の娯楽といえば酒・博打・女が定番だ。兵士に支払われる給料は、こうして消えていく。

明日の命も知れない彼らのことなので、宵越しのカネは持たない。商人たちは軍の駐留先で、兵士らの欲求を満たすための商売を始める。ここら辺は洋の東西を問わず、また今も昔も変わらない。

欧州では、軍が組織的に兵士に対して食料を提供するようになるのは近世以降のことで、それまでは商人が開設する「酒保」（売店）に食料提供を頼っていた。それだけではない。中世にあっては武器の販売修理、衣類の洗濯、医療、果ては戦利品・掠奪品の換金も酒保の業務だった。

このため酒保商人は各種サービスが提供できるように、調理人、鍛冶屋、工芸職人、御者、人足、洗濯婦、看護婦、娼婦、占い師や博徒まで抱えていた。娼婦以外の女性たちも、兵士の夜の相手を務めることが少なくなかった。

彼らは戦場に出かけるし、軍隊の移動に伴って戦場を渡り歩く。それが長期の遠征となると、酒保商人や付き従う者は家族を連れて行動する。まるで1つの街や共同体が、そのまま移動するような感じだ。

キリスト教の新旧宗派対立とブルボン家・ハプスブルク家の覇権争いが絡まった三十年戦争（1618～48年）の時には、酒保商人と随行する者の数が、兵士の3倍以上に上ることもあった。人数にして4分の1の兵士が稼ぐ給料や掠奪品が酒保商人の手を経て、残りの4分の3の商人・随行者を養っていた。彼らにとって戦争は、れっきとした生計手段だった。

近代になって徴兵制が導入されても、兵士にはささやかながら俸給は支給される。軍は戦地で野戦酒保を設置して、酒・煙草や菓子、家族に便りを書くための便箋・封筒も買えるようにした。

戦国時代の日本でも、商人たちの商魂はたくましかった。餅屋、八百屋、魚屋、酒屋、煙草売り、茶の立ち売り、武具の修理屋、呪術師、医師、遊女、掠奪品の下取り屋（古鉄買い）などが合戦場までやってくる。業種も中世欧州の酒保商人ほどに幅広い。

ただ欧州と異なり、これらの業者が束ねられて多角経営の形態をとることはなく、個別に兵士相手の商いをしていた。

また合戦場では、敵対する両軍に食料や武器を売るということも珍しくなかった。当然このような商人の自由往来を逆手に取る者が現れる。商人に紛れて敵陣に忍び込んで放火したり、商人に敵情を探らせたりした。さらには商人が、敵の重臣に対して寝返り工作をする例もあった。こうなると、商人と間者（スパイ）の区別もつかない。

長期戦になって兵糧不足が明らかになると、食料には破格の値が付くので儲けも跳ね上がる。戦場での商いには危険もあったが、商人はいつの時代でもリスクと収益を天秤にかけて行動する。

大坂の陣では、徳川軍の包囲に取り囲まれた商人が、銃声の響く中でも商いを続けた。その落ち着きようは、戊辰戦争の上野戦争（1868年7月）で、寛永寺の方から砲声が聞こえても経済学の講義を止めなかった福沢諭吉なみだ。包囲網から商人らが出て来ることを徳川方が許さなかったためでもあるが、こうすることで包囲網内の食料消費は加速される。

陣中での娯楽は、やはり酒・博打・女だった。博打では、大名から貸し与えられた武具が賭け禄（賭けの対象となる金品）にされることも多かった。博打で衣服や武具を失った足軽が、半裸のまま代用品の竹槍を持って合戦に加わることもあったらしい。現代なら間違いなく軍法会議（軍隊での裁判）で処罰される。

なお中世の欧州では粗末な食事に耐えかねて、兵士が軍馬を商人に売り、その金で「大名のように飲み食いをし」「結構な鱒とすばらしい蟹に舌鼓を打った」こともあったようだ（グリンメルスハウゼン『阿呆物語』）。三十年戦争を題材とする、若者の自叙伝的な小説の中での話だが、実際にそんなこともあっただろう。これも現代なら軍法会議ものだ。

軍隊は胃袋で動く

「軍隊は胃袋で動く」とは、ナポレオンの言葉ということになっている。真偽のほどは不確かだが、「腹が減っては戦ができぬ」のは、時代を超えて万国共通だ。

酒・博打・女は娯楽に過ぎないが、食事は生きていくうえで欠かせない。それでは、彼らはどのようなものを食べていたのか。16世紀の欧州では、酒保が提供する兵士の食事は日にパン２ポンド、肉１ポンドが標準で（１ポンド＝４５４ｇ）、それがない場合には代わりのチーズ、バター、ベーコンが用意されたという記録がある。

しかし常にそうではなかった。『阿呆物語』には、軍隊での食事では「葡萄酒やビールや肉にありつくことは殆どなく、林檎と黴の生えた固いパンが最上の御馳走であった（量も寒々としたものであった）」とある。これでは軍馬も売りたくなる。

おまけに給料の遅配は日常茶飯事だったから、生きるためには盗みが常態化する。三十年戦争の神聖ローマ皇帝軍兵士として描かれている『阿呆物語』の主人公ジムプリチウスも、しょっちゅう盗みを働いては空腹を満たしていた。

19世紀初めのナポレオンの軍隊では、下士官・兵の１日当たりの食料はパンが１・５ポンド、肉が０・５ポンド、米１オンス（28ｇ）または干し果物２オンスと定められていた。中世の酒保が提供した食料と比べて、質量共に大きな変化はない。

それでは日本はどうだったか。日本では古代より、旅人は保存が利いて軽い「干し飯」を携帯していた。干し飯は水や湯で戻したり、そのままでも食べることができる。これは陣中食としても用いられた。

鎌倉時代には、芋の茎を味噌で煮詰めて縄状に編んだ「芋がら縄」が現れる。ちぎって煮ると味噌汁になった。この他、梅干し、干し味噌、餅や干物などの保存食が陣中食に転用された。

戦国時代の足軽たちの実態について江戸時代の初めに著された『雑兵物語』によると、兵糧は1人当たり1日に米6合（0・9kg）だ。彼らは出陣時には、3日分の持参が求められていた。面白いことに、戦前の日本でも陸軍の歩兵中隊（200人規模の部隊）は72時間分の物資を持って行動した。また現在の日本政府は防災時の非常用食料として、各家庭に3日分の保管を呼びかけている。今も昔も、3日間の自立行動のうちに再補給体制が整えられるということだ。

ところで干し飯は、昭和に入って意外な展開を見せる。昭和10（1935）年に水を注ぐだけでできたての餅となる即席餅、昭和19（1944）年には同じ方法で米飯となるアルファ化米が開発された。戦場では火を使うと敵に発見されるし、当時の潜水艦では潜航中に火や熱を使う調理ができなかった。このためアルファ化米は、軍用糧食として重宝された。

現在ではアルファ化米は、災害用備蓄食料から宇宙食へと用途が広がっている。

海の兵食と海軍カレー

これらに比べると、海軍の食事はかなり恵まれていた。鮮度維持には限界もあるが、そもそも船はそれ自体が貯蔵庫・運搬手段となる。さらに釣りをすれば新鮮な魚も手に入る。

大航海時代の帆船には、塩漬け肉・干し肉、穀類、豆類、堅パン・ビスケット、バター・チーズ、野菜、干し果物などが積まれていた。この他に、酒や調味料も積む。ロビンソン・クルーソーが無人島での生活を始めるために、難破船から運び出した食料もこのようなものだった。

もちろん船で調理はするし、小麦を積んで船上でパンも焼く。船員は大砲が並ぶ隙間に、釣床（ハンモック）や食卓を天井から吊るし、食事はそこでとっていた。また階級によって、食事の内容には大分差があった。ただ基本的には、帆船時代を通じて船員の食料が大きく変わることはなかった。

ナポレオン戦争時の大きな変化は缶詰の発明だ。1813年に英国で開発された缶詰は海軍にも納品され、南北戦争（1861～65年）では軍用糧食としての利用が拡大した。特に固い塩漬け肉は、柔らかい缶詰肉に取って代わられた。

日本では、幕府海軍の「咸臨丸」が1860年に太平洋を横断した際に搭載した食料は、米1人1日に5合を基準として、麦、豆類、漬物、梅干し、野菜、塩鮭、アヒルや豚（生きた肉類：当時は冷蔵庫がなかった）などだった。何となく戦国時代の陣中食と、欧州の帆船が積み込んだ食料を足して2で割ったような感じだ。

日本人にとって「海軍の食事」といえば「海軍カレー」となる。確かに日本海軍では明治の頃から兵食としてカレーライスが提供されていた。しかしそれは金曜日や土曜日に決まっていたわけでもなく、横須賀が発祥でもない。そして、陸軍の兵食にもカレーライスはあった。

街おこしと都市伝説が結び付いてできたのが「海軍カレー」ということになるが、これぐらいの遊びはあってもいい。戦前の若者にとっては、平時の徴兵・入営は西洋の食文化に初めて触れる機会でもあり、そこで生まれて初めてカレーを食べた人も多かっただろう。

プロは兵站を論じる

戦いや合戦の話となると、戦術や戦略に人々の関心が向く。軍記物でも読む者が血湧き肉躍るのは、ローマ帝国を震撼させたカルタゴの将ハンニバル（紀元前247〜前183年）の活躍であったり、一ノ谷の戦い（1184年）で源義経が行った鵯越の逆落としだ。

地元の猟師から「この急な坂は鹿ならば下りることができる」と言われた義経は、「鹿も馬も同じ四つ足だ」と応じて鵯越を騎馬で駆け下りたとされる。この時の様子は、「飛車角のみんななり込む一の谷」という川柳にも詠まれている。子供の時分に、母親から教えられた「鹿も四つ足、馬も四つ足」で始まる「鵯越」の歌を口ずさみながら義経の雄姿を思い描いたりもした。

数百年、数千年もの時を超えて語り継がれる英雄譚はこうして生まれる。武器の購入や食事の手配・物資の運搬では、こうはいかない。

ところが「素人は戦略を語り、プロは兵站を論じる」。これは第二次世界大戦の欧州戦線で、ドワイト・D・アイゼンハワー最高司令官の下で米陸軍を率い、猛将ジョージ・パットンの上官でもあったオマール・ブラッドレー中将（戦後に初代統合参謀本部議長・元帥）が残した言葉だ。

紀元前5世紀頃に著された『孫子』にも、「軍に輜重（引用者注：軍需品）なければ則ち亡び、糧食なければ則ち亡び」とある。実のところ先のナポレオンやブラッドレーに限らず、ハンニバルをはじめ太古からの優れた軍の指揮官は兵站の重要性を十分理解していた。

そうはいうものの、日本軍には兵站軽視の批判がついて回る。太平洋戦争でのインパール作戦（１９４４年3～7月）などは、兵站軽視の悪例として頻繁に取り上げられる。海軍も例外ではない。資源の乏しい日本にとって海上輸送路の維持は戦時・平時を問わず死活問題だが、この護衛に海軍が割いたのは少数の旧式艦艇・航空機であった。そのうえ攻撃に際しても、敵の空母や戦艦ではなく輸送船を狙うのは「弾がもったいない」とする機運があった。

その一方で、明治期の日本軍は兵站の運用に苦労していた。１８７７年の西南戦争では、政府軍動員兵力約7万人に対して、弾薬・糧食運搬用に戦闘地域近隣の住民を陣夫として10万人雇い、その関連支出（傭給、運送費、傭船費）は戦費の4割近くを占めた。

この反省から１８７９年以降、陣夫に代えて輜重兵の指揮を受ける輜重輸卒を募集するようになったが、それでも日清戦争や日露戦争では軍夫が大量に必要となった。軍夫は兵士ではないので、服装も法被・股引・綿入れ・頭巾・鳥打帽などバラバラだ。日清戦争の頃には、いまだに藩士気分が抜け切らず帯刀して侍の格好をした者もいた。

さすがに中世欧州の酒保商人のように、何もかもを引き連れた移動ではなかったが、日清戦争で動員された軍夫は、仮装行列のようでもあり、後年のチャンバラ映画のロケ隊さながらだった。

彼らは輸送のほか、架橋などの工兵部隊の支援も担った。ただ侠客や博徒が軍夫の統制を担うことも少なくなく、戦地で雇った軍夫には逃亡や盗難も多発した。それでも日清戦争での軍夫の賃金は一般兵の10倍近くかかったので、日露戦争では荷車の牽引要員として補助輸卒を導入して経費節減に努めている。

このように兵站部門は戦争のたびに苦労を重ねたが、戦闘部門に比べるとその扱いは軽かった。そのうち「輜重輸卒が兵隊ならば、蝶々トンボも鳥のうち。焼いた魚が泳ぎ出し、絵に描くダルマにゃ手足出て、電信柱に花が咲く」という戯言が、庶民の口にも上るようになる。

しかし現代の日本人は、この戯言を一笑に付すことができるだろうか。企業や官公庁でも後方支援部門・間接部門の意見は、目先の成果を主張する第一線の勇ましい声に掻き消されがちだ。それが財布の紐を緩めるくらいで済めばまだいい。

平成初期のバブル経済の発生や、令和のコロナ禍で明らかとなった日本社会のデジタル化の遅れは、日本社会の兵站・後方支援部門軽視の風潮と無縁ではない。社会全体でこれを改めなければ、効果的な防衛力を発揮できないばかりでなく、日本社会は「失われた30年」の数字を更新し続けることになる。

第2章

欲しがりません勝つまでは

戦争のマクロ経済学

2021年11月に放映されたNHK朝の連続テレビ小説「カムカムエヴリバディ」で、次のような場面があった。ノモンハン事件（1939年5月）勃発の頃、主人公の安子が髪にパーマをかけておしゃれをしたいと思っていたが、しばらくして「パーマネント禁止」となった。戦争が激しくなると、なぜパーマネントができなくなるのか、安子には分からないのである。

パーマ禁止は、経済的にどのような意味があるのか。戦争のマクロ経済学は、ここから始めよう。

1 「腹が減る」総力戦

安子の疑問

安子が不思議に思ったパーマネント禁止に関わる史実は以下の通りだ。

総力戦体制に向けて政府が1939（昭和14）年3月に設置した国民精神総動員委員会は、同年7月に「公私生活を刷新し戦時態勢化するの基本方策」として、飲食店・遊興施設の営業時間短縮、飲酒や冠婚葬祭の抑制、贈答廃止、服装簡略化などを策定し、同月中に閣議決定された（表2－1）。この服装簡略化の中に、「男子学生生徒の長髪廃止」と並んで、「婦女子の『パーマネントウエーヴ』其の他浮華なる化粧服装の廃止」が含まれていた。安子はパーマだけではなく、化粧や服装も思いのままにならなかった。

当時の委員長は荒木貞夫・予備役陸軍大将で、陸軍大学校を首席で卒業して憲兵司令官などを歴任し、1933年6月に大阪で起きたゴー・ストップ事件が起こった時の陸相だった。これは信号を無視した兵士を警察が連行したことが、陸軍省と内務省の対立までに発展した事件で、荒木陸相は「皇軍の威信のため、中央部としても適当の処置を講ずる」と言った。

パーマ禁止について一緒にドラマを観ていた筆者の妻は、女性の視点から「戦争に向けて世論を引き締めるもの」という印象を持ったようだ。確かに当時の政府が主として狙ったのは、戦時下の世論の引き締めであったろう。ただし経済の切り口からは、少し違った様相も見えてくる。

表2-1 「公私生活を刷新し戦時態勢化するの基本方策」概要

①料理店、飲食店、カフェー、待合、遊戯場等の営業の時間短縮 ②ネオンサインの抑制 ③一定の階層の禁酒、一定の場所の禁酒 ④冠婚葬祭に伴う弊風打破、中でも奢侈なる結婚披露宴の廃止 ⑤中元、歳暮の贈答廃止 ⑥服装簡略化 ・フロックコート、モーニングコートの着用は公式の儀礼に限る ・男子学生生徒の長髪廃止 ・婦女子のパーマネント、浮華なる化粧服装の廃止

パーマ禁止と戦争経済にはどのような関係があるのか。

１つには、経済資源の軍需転用がある。パーマをかけるにも電気が必要で、パーマの器材を作るためには材料や電力、労働力も用意しなければならない。パーマを禁止すると、これらの経済資源を軍需生産に転用できる。いわゆる産業構造の転換だ。

もう１つは戦費調達だ。戦争は経済的には、政府による消費活動である。このため戦争が勃発すると、政府は戦費を賄うため資金調達に奔走する。

戦費調達の手段には、主に増税と国債発行がある。増税は平時・戦時を問わず国民の反発が強い。現在の日本でも、消費税率引き上げの実施・決定後の選挙では、概ね与党に厳しい結果となっている。

それに比べると、手元に資産が残る国債発行は、国民の抵抗は小さくて済む。国債は国民（家計）が購入するので、戦時のように国債を大量発行する場合には、国民に資金的な余裕がある状態が政府としては望ましい。このため消費を抑制して、国民が国債購入用の資金を残すように「公私生活を刷新」しようと試みる。

パーマ禁止以外の項目、営業短縮や冠婚葬祭抑制にも同じ効果が期待される。もっとも「男子学生生徒の長髪廃止」をしたところで、軍需生産に転用できる資源などない。

むしろ長髪で散髪の頻度が下がると、理容師・顧客の双方で軍需生産に転用できる労働時間が増える。また浮いた散髪代は戦時国債の購入に回すことも可能だ。実際にビートルズが登場した1960年代初め、彼らを真似た長髪が大流行すると欧米の理髪店は「売り上げが落ちる」と心配した。「長髪禁止」は経済効果よりも、世論の引き締めが目的といえる。

有名な戦時標語の「ぜいたくは敵だ」（1940年）、「欲しがりません勝つまでは」（1942年）も同じで、資源の軍需転用と戦時国債の消化が目的だ。

これは日本に限った話ではなく、海外でも「Stop waste（無駄を省け）」（第二次世界大戦：米国）や「Waste not, want not（無駄使いしない、欲しがらない）」（第一次世界大戦：カナダ）などの標語が用いられた。

この場合、「紙幣を増刷してそれで戦費を賄えばいいではないか」と考えてはいけない。そのような紙幣発行は生産の裏付けがない。民間の需要はそのままで政府の需要が通貨増刷で増える。生産が拡大する前に需要が増えるので、インフレを引き起こす。

これが国債による民間資金の吸収であれば、その分の民間需要を減退させるので、戦費の支出が増えてもインフレを抑えることができる。

腹が減り過ぎたドイツ

近代以前の戦争は、封建領主や絶対君主同士の争いだった。アーノルド・トインビーは、これを

「王たちの遊び」と呼ぶ（トインビー『戦争と文明』）。

「遊び」という表現がふさわしいか否かは置いておくとして、近代に入ると戦争は国民国家の争いとなった。こうなると戦争は、否が応でも一般国民を巻き込むようになる。同時に産業革命を経て、工業製品である武器の量と質が勝敗の行方を決するようになった。

国民にはパーマを諦め、勝つまで欲しがらないで、生産力を戦争目的に投入することが求められた。近代以降の戦争は、特に総力戦になると、国民目線では国家間の我慢比べとなる。

それでは参戦国の国民は、20世紀の総力戦ではどれほど我慢を強いられたのか、数字で見てみよう。ただし国民総生産（ＧＮＰ）や国内総生産（ＧＤＰ）は政府支出である戦費を含むので、戦費の増大はＧＮＰ・ＧＤＰの増加要因となり、国民生活の厳しい実態を表すことはできない。このため国民の生活実態をマクロで見るためには、民間消費の推移を追うのがいい。

第一次世界大戦での主要参戦国の実質民間消費支出の変化をグラフで示すと、図２－１のようになる。これからも分かる通り、戦争になると戦勝国であれ敗戦国であれ、民間消費支出は低下する。

この中ではドイツの落ち込みが目立って大きい。１９１７年に革命が生起したロシアでは同年の民間消費が急落しているが、ドイツは１９１５年の時点で既に１９１４年比で60％に落ち込んでいる。ドイツの値は民生品の生産高で農産物が含まれていないが、開戦後の英国による海上封鎖は、食料の３分の１を輸入に頼っていたドイツにとって致命的だった。

１９１６年にはドイツ人の戦時の食生活を支えていたジャガイモが凶作となり、その年の冬になるとルタバガという、食用とするにはあまりにも不味い飼料用根菜が庶民の常食となった。まさにドイ

図2-1　第一次世界大戦での実質民間消費支出推移（1914年＝100）

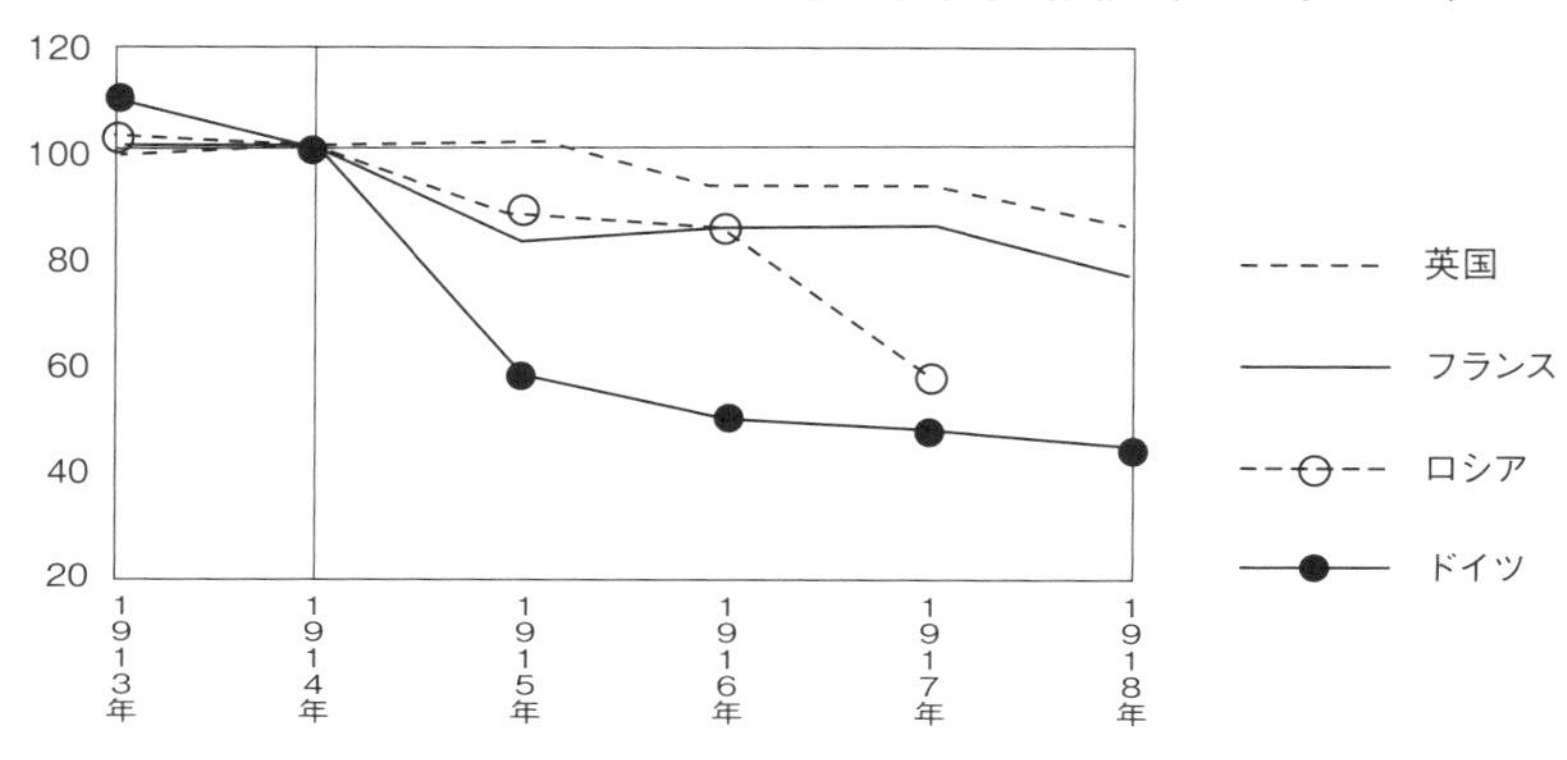

注：ロシアの1918年の値はなし。ドイツの値は農産物を除く民生品の生産高
出所：B・R・ミッチェル編（1995）『イギリス歴史統計』〔犬井正監訳、中村壽男訳〕原書房、Stephen Broadberry and Mark Harrison（2005）*The Economics of World War I*, Cambridge: Cambridge University Press より作成

ツ国民が風雪に耐えた時期で、ルタバガの外見がカブに似ていることから「カブラの冬」と呼ばれている。

こうなると、食料を均等に配分するために配給制が導入される。しかし元々少ない量を均等に分けるのだから、悲惨な結果は容易に想像がつく。

1916年冬の大人1人当たりの1日の配給量は摂取熱量換算で1313キロカロリー、重労働者でも2465キロカロリーで、成人男性の必要量3000キロカロリーには遠く及ばない。都市部での状況はさらに悪く、ベルリンでの公定配給量は1000キロカロリー前後であった。そして配給の実施は闇市場を生む。

このドイツを、1918年3月に米国で症例が見つかったスペイン風邪が直撃した。スペイン風邪による死者数は全世界で5000万～1億人と見られているが、ドイツでも1920年までに約30万人が亡くなっている。ちなみに第一次世界大戦でのドイツの戦死者数は206万人だった。海上封鎖で食料事情が悪化し、国民が栄養不足に陥っていたことが感染拡大に拍車をかけた。

連合国も状況は深刻で、英国では配給制が導入され、フランスは配給制を導入しなかったものの、開戦直後の食料生産量は戦前の40％に急落した。苦境に陥った英国やフランスを支えたのは、米国や植民地からの輸入だった。

ドイツは1917年2月に無制限潜水艦作戦の実施を宣言し、北海・地中海を航行する船舶は連合国・中立国の区別なく無警告に撃沈すると警告した。しかし苦境に陥ったのはドイツの方だ。食料不足も遠因となる革命が起きて1918年11月9日に帝政は廃止、2日後の11月11日には終戦となる。ドイツは腹が減り過ぎて戦にならなかった。

堪ヘ難キヲ堪ヘ

1945年8月15日正午に玉音放送で昭和天皇が読み上げた、「大東亜戦争終結ニ関スル詔書」の中に、「堪ヘ難キヲ堪ヘ忍ヒ難キヲ忍ヒ」という文言がある。これは詔書の文脈では、降伏後の連合国による占領や復興への道のりなど来たるべき苦難に対する心境を表したものだ。ただしそのような文意とは離れて、戦争中に国民がなめた辛酸を象徴する表現として取り上げられることが多い。

確かに当時の日本の状況は厳しかった。図2－2は第二次世界大戦での各国の実質民間消費支出を示している。この図は1940年を基準としているが、日本はその3年前、1937年7月に既に中国との戦争に突入していた。1944年の民間消費は1940年に比べて28％少ないが、1937年の値を基準にすると下落幅は40%に広がる。

摂取カロリーの実績では、1944年は1927キロカロリー、1941年が2105キロカロリー、1945年には1793キロカロリーに低下した。厚生省が1941年に発表した摂取基準値は2400キロカロリーだ。対米戦に突入してから、摂取カロリーは一度もこの基準値を上回っていない。日本は腹が減っても戦い続けた。

先に出てきた荒木貞夫陸相は、1931年2月に勃発した満州事変で日本が国際的孤立を深める中、1932年8月に菊池寛らと対談を行っている。その中で荒木は経済制裁を受けても「飯が食へなかつたら粥を食へ、粥が食へなかつたら重湯を吸へ、それも吸へなかつたら、武士は食はねど高楊枝で行く」と言った（「荒木陸相に物を訊く座談会」『文藝春秋』1932年9月号）。彼はこれを「冗談をいつたんですが」と流したが、それから10年後の日本はその通りになった。

第二次世界大戦では、ドイツも第一次世界大戦ほどには状況は悪くなかった。これは1930年代に総力戦理論や戦争経済理論の研究が進んだこと、さらにナチスが政権を取ってからは四カ年計画で統制経済が進展したこと、特に1936年に始まった第2次四カ年計画では原材料と食料の自給自足体制確立を目指したことが影響している。

対照的なのが米国で、1942年を例外として民間消費支出は伸びている。米国民は戦争中であっても「堪へ難キヲ堪へ」る必要もなく消費生活を謳歌していたわけだが、さしもの米国も参戦翌年の1942年には民間消費が前年比で落ち込んだ。ところが落ち込み幅はわずか2%で、米国は腹が減ることもなかった。

図2-2　第二次世界大戦での実質民間消費支出推移（1940年＝100）

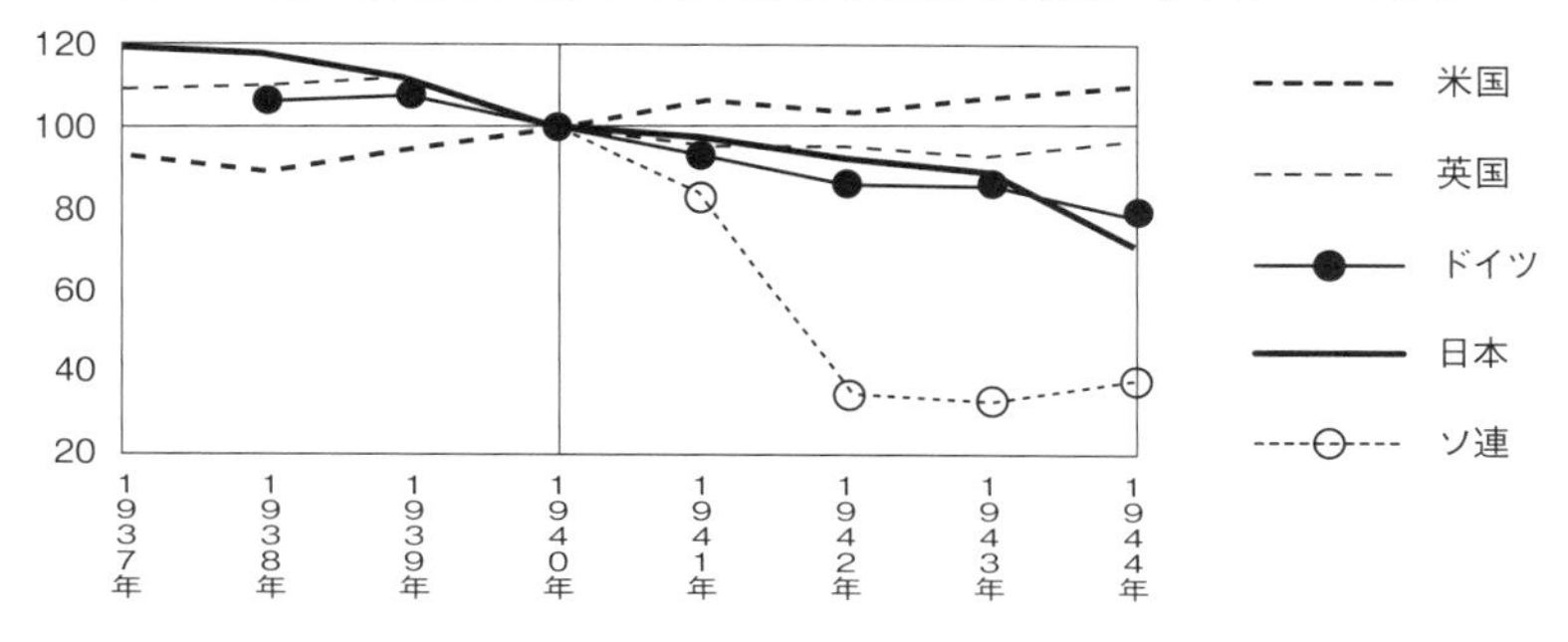

注：ソ連の値は小売商品取扱高で1940年以降のみ、ドイツは1938年以降のみ
出所：小野圭司（2021）『日本 戦争経済史――戦費、通貨金融政策、国際比較』日本経済新聞出版

表2-2　ソ連の国民所得統計の主要項目推移（1940〜45年）

（実質値ベース：1940年＝100）

	1940年	1941年	1942年	1943年	1944年	1945年
軍需産業	100	159	367	454	496	348
民生品工業	100	87	41	43	50	55
民生サービス産業	100	91	61	66	82	76
農業	100	63	40	43	65	68
GNP	100	86	66	73	87	83
労働力人口	100	84	63	66	77	87

出所：Mark Harrison (1998) “The Soviet Union: the defeated victor,” Mark Harrison, ed., *The Economics of World War II: six great powers in international comparison*, Cambridge: Cambridge University Press より作成

その中で目を引くのは、ソ連の民間消費支出の大きな落ち込みだ。国際比較のために基準年を1940年としているので、ソ連参戦翌年となる1942年の民間消費は基準年の34％と大幅に下落した。これは参戦年である1941年との比較でも40％であり、第二次世界大戦時のソ連は第一次世界大戦のドイツよりも過酷な状況に直面した。

ドイツ軍がモスクワの目前に迫る中、ドイツ空軍の爆撃が激しくなると地下鉄の駅は防空壕となり、そのうちモスクワ市民の生活の場ともなる。そのような地下鉄マヤコフスカヤ駅で1941年11月6日、ヨシフ・スターリンが有名な「十月革命24周年記念の演説」を行った。

演説の中でスターリンは、戦局を好転するために不眠不休での武器増産を訴え、「われわれは、この任務を遂行しうるし、どんなことがあっても遂行しなければならない」と檄を飛ばす（スターリン「モスクワ勤労者代議員ソヴェトと、党組織および公共諸機関との祝賀会における報告」）。これはマクロ経済的には、一般国民に向けた消費生活の自粛強制と表裏一体だ。

表2－2に、ソ連の産業部門別推移を示す。戦時には軍需産業の生産は急拡大する一方、消費生活に関連する部門では生産の大幅な縮小が余儀なくされる。これはどこの国も同じだ。

日本の場合、1944年の繊維産業の生産量は、軍服などの軍需を含めても1937年の17％未満でしかなかった。これでは安子がおしゃれをしたくても、服そのものが手に入らない。そもそも衣料品も統制品となり、1942年2月以後は衣料切符が無いと買うことができなかった。この衣料切符は、戦後に生産が回復する1951年ごろまで続く。

ソ連の特徴は短期間に消費支出が激減したこと、つまり急速に経済資源が軍需生産に転換された点にある。スターリンは、「腹が減った」という国民の叫びに聞く耳を持たない。彼らにしてみれば秘密警察の監視があり、従わないと粛清やシベリアでの強制労働が待っていた。

2　軍事支出の負担

パンと見世物

ここで歴史をさかのぼってみよう。

政治に関心を失ったローマ帝国の市民について、当時の風刺詩人であったユウェナーリスは次のように述べている。「われわれローマ市民は……（中略）……ただ二つのことしか気にかけず、ただそれだけを願っているのだ。穀物の無償配給と大競争場の催し物を」（ペルシウス、ユウェナーリス『ローマ諷刺詩集』）。いわゆる「パンと見世物」の要求である。

ところが財政負担に占める「パンと見世物」の比率は、救貧・インフラ建設を含めても15％でしかない。そのインフラには見世物が行われた円形競技場や街道・水道橋など、今日でも見る者を圧倒させる建築物が含まれる。

軍事支出はその4～5倍もあった（表2－3）。2世紀のローマ帝国は五賢帝の時代で、地中海を支配する平穏で栄華を誇った時期だが、それでも軍事関連の負担は大きかった。

表2－3からは、中世後期から近世に至る欧州での軍事支出の大まかな傾向をつかむことができる。まず同一国であっても、年によって軍事支出に幅がある。これは大規模な戦争の有無で、軍事支出

表2-3　古代から近世にかけて西欧の財政支出に占める軍事支出の割合

ローマ帝国	1～3世紀	68～78%
イングランド	1401～07年	24～47%
イングランド	1610～35年	10～17%
フランス	1688～1715年	28～67%
イングランド	1691～1715年	64%
ピエモンテ（トリノ）	1700～13年	78%
ロシア	1705～07年	87%
プロイセン	1713～39年	68～83%
イングランド	1716～89年	48%
イングランド／英国	1790～1815年	56%
プロイセン	1805～06年	75%
英国	1816～20年	37%

出所：城戸毅（1994）『中世イギリス財政史研究』東京大学出版会、酒井重喜（1989）『近代イギリス財政史研究』ミネルヴァ書房、久保清治（1998）『ドイツ財政史研究――18世紀プロイセン絶対王制の財政構造』有斐閣、佐村明知（1995）『近世フランス財政・金融史研究――絶対王政期の財政・金融と「ジョン・ロー・システム」』有斐閣、阿部重雄（1960）『ピョートル大帝――ロシアのあけぼの』誠文堂新光社、明石茂生（2009）「古代帝国における国家と市場の制度的補完性について（1）：ローマ帝国」『成城大学経済研究』第185号、ヴェルナー・ゾンバルト（1996）『戦争と資本主義』（金森誠也訳）論創社、B・R・ミッチェル編（1995）『イギリス歴史統計』〔犬井正監訳、中村壽男訳〕原書房より作成

が左右された結果だ。それに農作物の不作が重なり税収が減少すると、歳出に占める軍事支出の比率は急上昇する。

このように近世以前は歳出と歳入、いずれも不安定だった。特に歳入の大きな変動は、農作物の収穫に依存する税体系である以上、避けることができない。

日本も同じで、課税の基準を収穫量ではなく地価とした１８７３年の地租改正は、その対応策だった。

次にローマ帝国ほどではないにせよ、軍事支出は依然として財政支出において大きな比率を占めている。軍事支出の定義が時代により、また国により異なるので厳密な比較はできないが、この中ではイングランド／英国の軍事支出の割合は相対的に小さい。これは軍隊が比較的小規模であったためで、１５５０年代でイングランド陸軍の兵員数はフランスの4割、１６５０年代で7割、１７００年代

になると2割強しかなかった。

特に1700年代のフランスはルイ14世の時代で、対外戦争が頻発していた時代でもある。イングランドもこの時期には、軍事支出の負担が他の時期に比べて大きくなっている。

近世の西欧諸国の歳出では、軍事支出以外では宮廷関係と国債返済が主な支出項目だった。単純化すれば、王族たちは税を取り立て、足らなければ借金をする。絢爛たる宮殿で豪奢な生活を送り、領土拡張のために戦争を起こし、利子を付けて借金を返済していた。

これでは財政が持たなくなるのは必定だ。いずれ増税は不可避となるが、民衆は怒り心頭に発する。フランス革命は起こるべくして起こった。

同時にフランス革命は新たな紛争の火種となる。1789年7月に革命が起こると、イングランド／英国の軍事支出の割合も上昇に転じている。しかしこの傾向は、ナポレオンの百日天下（1815年3～6月）が終わると落ち着きを取り戻した。

金（かね）と労働と血

フランス革命後に生じた英仏の対立は、「アミアンの和約」（1802年）で一旦収まった。しかし翌年に両国は再び戦争状態に入る。これ以降にナポレオンが行った一連の戦争を「ナポレオン戦争（1803～15年）」という。ただこの時期のフランスは特定の交戦国と対峙するのではなく、次々と相手を変えながら戦っていた。いうなれば「戦争」というよりは、フランスを軸に戦争が続いた1つの「時代」である。

ナポレオン戦争を契機に、戦争の性格が大きく変わった。フランス革命は王制を倒したが、「民主

表2-4　近代の主な戦争（19世紀半ば以降）

（単位：百万ドル、名目値）

	継戦期間		期間	参戦初年名目GDP	動員兵力	戦費（名目値）	戦費／GDP
クリミア戦争（1854〜56）	23カ月	英	1854〜56	3,600	11万	450	3%
		仏	〃	[a]3,600	31万	550	3%
		露	〃	n.a.	89万	800	n.a.
		土	〃	n.a.	17万	150	n.a.
南北戦争（1861〜65）	49カ月	北	1861〜65	n.a.	269万	3,200	11%
		南	〃		100万	1,000	n.a.
普仏戦争（1870〜71）	10カ月	普	1870〜71	[b]5,300	149万	750	8%
		仏	〃	5,300	200万	800	8%
第2次ボーア戦争（1899〜1902）	32カ月	英	1899〜1902	9,000	45万	1,300	3%
日露戦争（1904〜05）	19カ月	日	1904〜05	[a]1,500	120万	900	22%
		露	〃	[b]6,700	137万	1,300	7%
第一次世界大戦（1914〜18）	51カ月	英	1914〜18	12,400	570万	35,500	40%
		仏	〃	[a]8,700	790万	24,000	45%
		露	1914〜17	[b]10,000	1,580万	22,500	60%
		伊	1915〜18	4,200	560万	12,500	50%
		米	1917〜18	[a]60,400	430万	22,500	15%
		日	1914〜18	[a]2,300	7万	250	1.5%
		独	〃	[a]12,400	1,320万	37,500	35%
		墺	〃	5,300	900万	20,500	25%
		土	〃	n.a.	300万	2,250	n.a.

注：GDPは十の位を四捨五入。戦費は十の位を二捨三入。aはGNP、bはNNP。「戦費／GDP」は、継戦期間中のGDPに対する支出された戦費の比率。第一次世界大戦の同比率は、一の位を二捨三入（日本を除く）。換算レートはストックホルム大学のロドネー・エヴィンソン教授が算定するものを使用
出所：小野圭司（2021）『日本 戦争経済史——戦費、通貨金融政策、国際比較』日本経済新聞出版

主義は、戦争そのもののため、また戦争の準備のために、国民の一人びとりにたいして金と労働と血とを要求する」（ロジェ・カイヨワ『戦争論』）。近代民主主義は戦争を王侯貴族の事業から国民的なそれへと変貌させた。

近代（19世紀半ば以降）における主な戦争を表2－4に示す。民主主義が国民に要求した「金（かね）」は戦費、「労働」はGDP、「血」は動員兵力として数字に表れる。

日本人にとって意外なことに、南北戦争の規模

の大きさがある。米国を旅して書店をのぞくと、戦争史の書棚に占める南北戦争関連の本の多さに驚かされる。南北戦争は内戦であり、国際紛争に比べると規模も小さいようにも思われるが、実際には継戦期間・動員兵力・戦費の点で、第一次世界大戦前では最大規模の戦争だった。

これだけの戦争を経験した後では、統一は維持されたとはいえ南北間にしこりは残らざるを得ず、それは今日でも時折垣間見られる。日本でも豊臣家を滅ぼした徳川家康は、いまだに大阪では狸親父扱いで人気がない。１９７０年頃には大阪城で毎年「徳川家康の悪口を言う会」が開かれて、その様子はテレビ・ニュースでも放映されていた。

また日露戦争は世界史上の意義について頻繁に取り上げられるが、戦争そのものの規模も刮目に値する。近代化間もない日本が経験したＧＤＰの22％にまで及ぶ戦費負担は、第一次世界大戦前には世界中どの国も経験していない。当時の日本では軍事指導者だけでなく、財政・外交・内政などあらゆる部門の当事者が、どれほど戦争遂行に苦心したかが数字を通して伝わってくる。

ロシアの戦費は日本の約１・５倍となっているが、これはロシアの動員兵力が多かったことに加えて、当時のロシアの１人当たり名目所得水準が日本の１・６倍で人件費が高かったこと、さらに東アジアが戦場となったことから輸送費の負担が大きくなったことが原因だ。

日露戦争は地上戦では野戦砲の弾幕射撃・機関銃・塹壕戦、海戦では主力艦による艦隊決戦が本格的に導入され、通信の発達で戦争の結果が数時間で世界中に配信されたことなどから、第一次世界大戦の前哨となる「第〇(ゼロ)次」世界大戦と称されることがある。

反戦デモと国際労働機関（ILO）

そして第一次世界大戦である。動員兵力も戦費も、さらにはGDPに対する戦費の比率も桁違いに大きく、総力戦が意味するところが数字に表れている。連合国は戦争に勝利したものの、英国・フランス・ロシア・イタリアの対GDPの戦費の負担比率はドイツ以上だった。

戦費の対GDP比ではロシアの60％が際立っているが、ロシアは参戦国中最大の兵力を動員し、1917年のロシア革命前から生じていた経済混乱の中で戦争を継続していた。つまり60％の中には、戦争と革命という2つの負担が含まれる。

長期にわたる大規模戦争の惨禍は前線に留まらない。ドイツ国内の惨状は既に述べた通りだ。そのうち革命が起きて、皇帝が退位したことで一気に終戦への流れが出来上がった。このドイツ革命も社会主義の影響を多分に受けた、食料デモや反戦ストライキが発端となった。

連合国もそれよりはましであっても市民生活は大きな犠牲を強いられた。英国ではそれが高じてストライキが多発し、戦争期間中の労働喪失日数はドイツの5倍に達した。イタリアは戦勝国であったにもかかわらず、戦後も長期にわたって経済が低迷する。第一次世界大戦で市民生活は圧迫を余儀なくされ、ロシア革命の影響もあって各国で労働争議が激化していた。このため共産主義運動への対処や労働者の保護が、国際的に大きな政治課題となっていた。

大戦後のパリ講和会議で国際連盟とともに、労働者の権利を保護する国際機関として国際労働機関（ILO）の設立が合意された背景にはこのようなことがあったが、これは社会主義勢力拡大への対応策でもあった。ILOは、金（かね）と労働と血を戦争に大量投入した資本主義の副産物といえる。

戦争をなくす戦争

第一次世界大戦勃発から3カ月後の1914年10月、SF作家のH・G・ウェルズが『戦争をなくす戦争（The War that will end War）』と題する本を著した。もっとも彼の主張は、第一次世界大戦の原因となったドイツ帝国主義を打破せよというもので、戦争を永久になくすといった理想主義的なものではなかった。

ただ表2－4の数字からは、「戦争を永遠になくしたい」気持ちは十分理解できる。しかし戦争はなくならなかった。

第一次世界大戦が終結して21年後、1939年9月1日の早朝、ナチス・ドイツがポーランドに侵攻して二度目の世界大戦が始まった。第二次世界大戦では各国で対外資本移動が禁止され、金融鎖国の中で戦争が行われた。このため経済指標の国債比較は為替相場を仲介とする名目値ではなく、物価水準の違いを織り込んだ購買力平価基準の実質値で行う（表2－5）。

なお動員兵力については、第二次世界大戦では戦場となったソ連、イタリア、ドイツ、日本などでは記録に表れない根こそぎ動員や、陣地構築に一般市民が投入されそのまま戦闘に加わった例もあることには注意が必要である。

第一次世界大戦と同様、各国ともに大きな負担を強いられたが、第二次世界大戦では継戦期間が1・5倍近く延びている。それだけ長く参戦国の国民には、「欲しがらず」に「堪ヘル」ことを求められた。中でも日本は太平洋戦争前に中国と4年以上も戦争をしており、その戦費負担は対GDPで

表2-5　第二次世界大戦の参戦国の経済負担

（単位：10億ドル、1990年価格）

	継戦期間		期間	GDP（1942年）	動員兵力	戦費	戦費／GDP
日華事変（1937〜41）	53カ月	日	1937〜41	（170）	120万	160	17%
第二次世界大戦（1939〜45）	72カ月	英	1939〜44	370	620万	970	45%
		ソ	1941〜44	280	2,500万	650	50%
		米	1942〜44	1,320	1,490万	1,870	40%
		独	1939〜43	410	1,250万	990	50%
		伊	1940〜43	150	450万	120	20%
		日	1942〜44	210	740万	280	45%
						（390）	（65%）

注：GDP（6カ国とも参戦した初年である1942年の値）と戦費は1990年価格にもとづくドル換算値で、一の位を四捨五入。戦費／GDPは、一の位を二捨三入（日華事変を除く）。日華事変での日本のGDPは、1937年のもの。日本の括弧内の値は、現地通貨借入金を含む金額で算出。動員兵力は、一の位を四捨五入。日本の戦費は日華事変では臨時軍事費特別会計と一般会計の直接戦争関連経費（各省）の和、太平洋戦争ではこれに一般会計の陸海軍省支出を加えた（1942年以降には陸海軍費の臨時軍事費特別会計と一般会計の区別が事実上なくなったため）

なお本表では、日本と中国の戦争を、日華事変（1937〜41年）と第二次世界大戦（1942〜45年）に分けている

出所：小野圭司（2021）『日本 戦争経済史——戦費、通貨金融政策、国際比較』日本経済新聞出版

表2-6　第二次世界大戦以降の米国が関わった戦争の経済負担

	期間	極大値		
		年	戦費／GDP	軍事支出／GDP
朝鮮戦争	1950〜53	（1952）	4.2%	13.2%
ベトナム戦争	1965〜75	（1968）	2.3%	9.5%
湾岸戦争	1990〜91	（1991）	0.3%	4.6%
アフガニスタン紛争	2001〜10	（2010）	0.7%	4.9%
イラク戦争	2003〜10	（2008）	1.0%	4.3%

注：軍事支出は戦費と経常的な国防支出の和。「極大値」の欄は期間中の最大値を記録した年とその値を示す

出所：Stephen Daggett（2010）“Costs of Major U.S. Wars,” *Congressional Research Service*, RS22926より作成

17％と第二次世界大戦でのイタリア並みに達していた。

これには第一次世界大戦後に各国で総力戦の研究が進み、産業動員策が導入されたことが大きい。平時から「準戦時」として経済統制が進められ、１９３８年５月に「国家総動員法」が施行された日本もその例外ではなかった。

第二次世界大戦も「戦争をなくす戦争」とはならず、冷戦中、そして冷戦後も戦争は続いた。米国の戦費負担が研究されているので、その概要を表２－６に示す。

さすがに米国の負担は、19世紀の主な戦争で列強各国が負担した比率に比べると小さいが、継戦期間は長くなっている。これらの戦争は大国相手ではない。朝鮮戦争時に「義勇軍」を派遣した中国も当時は経済的に小国であった。

しかしベトナム戦争の戦費は累積する財政赤字とともに米国経済を疲弊させ、１９７１年８月にドル・金兌換停止となるニクソン・ショックを招いた。

―３―大砲かバターか

モスクワの地下宮殿

独ソ戦の最中、スターリンがソ連国民に徹底抗戦を呼びかけたモスクワ地下鉄のマヤコフスカヤ駅は、電車が走っていなければ美術館の回廊と見紛うアーチ状の柱が並ぶ壮麗な駅だ。マヤコフスカヤの名は、１９１７年の十月革命に熱狂し、レーニンの死に際して「ヴラジーミル・イリイチ・レーニン」という長編詩を捧げた詩人ヴラジーミル・マヤコフスキーに因んでいる。

この駅に限らずモスクワの地下鉄の駅は、どれも「地下宮殿」の異名をとるほどに厳かで美しい。日本では大阪メトロ・御堂筋線の心斎橋駅が、シャンデリアやドーム型天井が映える駅として名高いが、モスクワの地下鉄駅はこの比ではない。これらはソ連時代の建築だが、社会主義経済の仕組みに豪華な地下鉄駅の秘密がある。

巨額の資金を要するインフラ建設は借金しないと建設費を賄えないが、資金も無限ではない。数ある事業の中での優先順位は、資本主義経済では事業の収益性と市場で決まる利子率を基準に判断される。これが社会主義経済では人間が決定する計画となり、そこで決められる利子率は往々にして低金利だ。「人間が決定する」ところに恣意性が入り込む余地はあるのだが、今は不問としよう。

地下鉄建設の借金は受益者負担ということで、運賃収入から少しずつ時間をかけて返済される。住宅ローンを借りている人なら分かると思うが、長期返済の場合の金利負担は意外と大きい。30年の元金均等返済の場合、冷戦時のように長期プライムレートが年利8・5％（1970年）であれば、利子総額は元金の1・3倍を超える。高度成長期には東京や大阪の地下鉄運賃収入の半分は利払いだけに消えていた、といった話を大学の授業で半信半疑に聞いたのを覚えているが、実際にそんなものだった。

もう1つは、社会主義会計での減価償却だ。社会主義経済の元々の考え方では、減価償却は生産能力再生の資金準備を意味した。つまり技術が進歩して生産性が向上すると、それだけ減価償却をしなくて済む。

例えば5年償却のサーバの場合、ムーアの法則に従って1年半で処理速度が2倍になるとすると、償却期間5年の間に性能は10倍超となる。言い換えると、5年前に購入したサーバの価値は、この間に10分の1以下となる。これを社会主義の考え方で償却すると、取得時の1割未満の金額で済む。これは資本主義会計の考え方では価値と価格の混同だ。

マルクスは価値と価格の峻別を説いたが、それを実践する社会主義会計では2つを同じものとして扱った。技術が進歩して古い機材の価値が落ちても、過去の支払いが消えるわけではない。

減価償却は、設備投資などの取得価格を耐用期間に経費として配分する会計手続きだ。その経費が社会主義会計では、後の生産性向上で減額処理される。逆にいうと人為的に金利を下げ、減価償却も圧縮させると、豪華な地下鉄駅舎を建てることができる。マヤコフスカヤ駅はこうしてできた。

社会主義会計とバラマキ資本主義

しかしこれでは収益性が低い事業でも帳簿のうえでは利益を計上できるので、過大投資が行われる危険がある。資本主義経済でも補助金を大判振る舞いすると、事実上経営破綻しているゾンビ企業を存続させ、産業の新陳代謝が妨げられる。人為的な低金利や減価償却の圧縮は、この補助金と同じ働きをする。

ソ連時代の計画経済で建設・運営されていたモスクワの地下鉄は、西側の会計基準では利払いや設備の償却負担が大き過ぎて、慢性的な赤字経営となったに違いない。社会主義会計では、実際にかかった経費が事後の理屈で軽減されてしまう。この場合、「普遍的な正しさ」の点では西側の基準に軍配が上がる。地下鉄以外の産業も似たり寄ったりで、低稼働資産が積み上がる。

旧ソ連に限らず独裁色の強い国家では、巨大な記念碑や記念像などの建造物も数多く建てられているが、経済的には低稼働どころか不稼働資産でしかない。古いところでは、ピラミッドや巨大寺院もこれと変わらない。これらの建造物は一部国民の精神高揚につながり、彼らの労働生産性向上に心理面では多少貢献することがあるにしても、償却負担の方がはるかに大きい。

これに過大な軍事支出が加わると、経済全体では付加価値を食い潰すだけとなる。1991年12月のソ連崩壊・社会主義経済の失敗はこうして引き起こされた。しかし資本主義経済であっても、補助金バラマキなどで同じ罠に陥る危険があることは銘記すべきだ。

消費か投資か

「大砲かバターか」とは、経済活動において軍需と民需の選択に関する古典的な問いである。GDPは財やサービスとして生産された付加価値を集計したものだ。武器が製造されて政府・軍が購入すると、武器は「財」なので統計上はGDPに計上される。では武器は消費財なのか生産財・設備なのか。

民間企業が生産する付加価値を損益計算書で示すと表2－7のようになる。トラックを使った貨物輸送業を例にとってみよう。暖房提供が目的ではないので、燃料（消耗品：③）が燃えるだけでは付加価値を生まない。しかしトラック（設備）が燃料の燃焼を動力に変え、運転手（労働力）が操作することで「貨物輸送」というサービス（付加価値）が生まれる。そして経営者や出資者によって設備と労働力の経営管理が行われている。このように企業は、設備・労働力・経営管理の協働作業で、GDPに計上される付加価値を生んでいる。

各生産要素には、生産の貢献に応じて付加価値が分配される。労働力には人件費（給与）①、経営

表2-7　損益計算書と付加価値

	売上高	
①	人件費	●生産した付加価値の労働力への分配
②	減価償却費	●生産した付加価値の設備への分配
③	①②以外の原価、経費、販売費、一般管理費など	社外で生産された財・サービス（付加価値）の消費
	営業利益	
	支払利息など	社外で生産された金融サービス（付加価値）への対価支払い
	経常利益	
	法人税、事業税など	●生産した付加価値の社外流出
	当期純利益	
④	配当金・役員報酬	●生産した付加価値の経営資本への分配
⑤	内部留保	●　　　　〃

注：●印の付いている科目が、この企業が生産した付加価値となる
「支払利息」は金融機関が生産する金融サービスへの対価支払い

表2-8　武器の資本化による GDP の押し上げ効果（2010年）

	日本	米	英	独	仏	加	豪	韓
武器の資本化による GDP の押し上げ効果	0.1%	0.5%	0.2%	0.1%	0.2%	0.1%	0.1%	0.3%
国防支出の対 GDP 比	1.0%	4.8%	2.6%	1.4%	2.3%	1.5%	1.8%	2.7%

注：オーストラリアは2008年
出所：内閣府経済社会総合研究所国民経済計算部（2016）「平成27年度国民経済計算年次推計（平成23年基準改定値）（フロー編）ポイント」、多田洋介（2015）「各国の2008SNA/ESA2010導入状況と国際基準に関する国際的な動向――2014年11月開催 OECD/WPNA 会合出張報告に代えて」内閣府経済社会総合研究所国民経済計算部編『季刊国民経済計算』No.156、Stockholm International Peace Research Institute（2012）*SIPRI Yearbook 2012*, New York: Oxford University Press より作成

管理に対しては配当金・役員報酬④や内部留保⑤、そして設備の場合は減価償却費②が相当する。

設備は生産を行う時に身をすり減らしており、自分の羽毛を抜いて機に織り込む「鶴の恩返し」のようである。抜いた羽毛（減価償却）は、織物（付加価値の生産＝GDP）の一部分となっている。抜いた羽毛を補塡して生産力を維持・再生するため、鶴に対しても付加価値が分配される。

GDPの統計では政府は行政サービスを供給しており、軍や自衛隊はその中の「国防」というサービスを提供している。車両・艦艇・航空機などの装備品は、先に述べた輸送サービス業の自動車に相当し、設備であると考えるのが自然だろう。

対領空侵犯を例にとると、操縦士・整備員・管制官などが同一であっても、戦闘機が旧式（例えばF−4）か新型（例えばF−35）で発揮できる戦力は大きく異なってくる。この戦力差は戦闘機の性能差によるものであるから、直観的に「戦闘機は付加価値を生んでいる」と理解できる。付加価値を生んでいることから戦闘機は「設備」であり、貨物輸送業のトラックと同じ位置付けであるべきだ。

しかし意外なことに、GDP統計において防衛装備品が「国防というサービスを生む」とされたのは最近のことだ。国連や国際通貨基金・世界銀行・経済協力開発機構・欧州連合（EU）などが共同して定めるGDP統計の国際基準（SNA）では、近年まで武器を消耗品と捉え、軍艦や軍用機は設備とは見ていなかった。

これには、「破壊や殺傷の道具である武器は付加価値を生まない」という認識があったのかもしれない。だから商船や旅客機は設備だった。

2009年に合意された「2008SNA」から、武器はそれまでの消耗品としてではなく設備として扱うこととなり、日本では２０１６年に導入された。武器は資産計上され、その減価償却が「国防サービス」の生産として加算されるので、その分ＧＤＰは増える。この効果は国防支出の大きい国ほど大きい（表２－８）。

ただし国民は、財やサービスの消費を通じて「豊かさ」を感じる。確かに国防や警察、消防・防災など行政による危機管理サービスや裁判所のような司法サービスは、同じ行政サービスでも経済政策や社会福祉と異なり一般国民が消費を通して体感する「豊かさ」に直接結び付かない。

また例えば、安全保障上の脅威が全くない大洋の真ん中にある小さな島国が過大な軍備を備えると、「不必要な」国防サービスが計算上はＧＤＰを押し上げる。しかしこれは不稼働資産の積み上げに他ならない。過ぎたるはなお及ばざるが如しである。

同様のことは、独裁国家や権威主義国家に見られる巨大な記念碑・記念像にも当てはまる。企業と同じで、過大な償却負担は中長期的にはその国の経済力を蝕むことになる。

武器の国産化が必要だといって、経営的に赤字である軍需産業を政府が補助金で維持するような場合も同じだ。企業が存続するためには利益の確保が必要で、これを財政で補填することは、ゾンビ企業の延命と同じだ。

ただ一方で武器の国産化は、その国独自の運用要求に合った武器の開発が可能となり、技術の発展に伴う改修や性能向上も手掛けやすくなる。有事の際の修理も迅速に行うことができるという長所もある。この長所と短所の比較に普遍的な正解はない。常にその時々で効果を見極める必要があり、それは為政者のみならず有権者の責務である。決して「専門家」に任せきりにしてはいけない。

第3章

離れですき焼き

戦争の財政学

「母屋ではおかゆ食って、辛抱しようとけちけち節約しておるのに、離れ座敷で子供がすき焼き食っておる」（第156回国会衆議院・財務金融委員会議事録 第6号）。これは2003年2月25日の衆議院財務金融委員会で、「塩爺」こと塩川正十郎財務大臣が一般会計を母屋、特別会計を離れ座敷に例えて、前者に比べた後者の管理不徹底を指摘した発言だ。

1877（明治10）年の西南戦争以降、日本では戦費も特別会計として一般会計とは区別されて処理された。塩川財務相が言ったように「すき焼き食っておる」のかはともかく、戦時になると母屋は離れ座敷に振り回される。

1　臨時軍事費特別会計

戦費の「離れ座敷」化

「離れ座敷でのすき焼き」の原型は、江戸時代に見られる。当時の幕府では、偶発的な事件に要した財政対応を経常的な歳入・歳出から切り離して管理していた。天下泰平で、自然災害以外には大きな事件もなかった時代の産物だ。

経常部分は「定式」、臨時部分は「別口」と呼ばれていた。1842年の幕府財政では、定式入用の107万両に対して別口入用は6分の1の18万両で、河川氾濫防止工事や大名・旗本への貸付けに使われた。

ところが下関戦争が勃発し、薩英戦争や八月十八日の政変が生じた1863年になると、別口は534万両と定式（132万両）の4倍を超えた。将軍家茂の上洛に86万両、武器・軍艦購入に47万両など、幕末の非常時に対応するための別口支出が重なった結果である。

この他に別口からは、貨幣改鋳用に銀が205万両支出されている。これは金の含有率が23％しかない「万延二分金」やその他の低位貨幣鋳造に使われ、幕府は改鋳益355万両を得ていた。銀による金の水増しで、これは当然インフレを引き起こす。物価上昇率は1864年が22％、1865年が32％、1866年には58％と右肩上がりだった。

当時の幕府財政も「離れ座敷でのすき焼き」に振り回されていた。また武器や軍艦の購入資金が全額別口で処理されていたことは、軍備が「偶発対応の臨時的支出」と仕分けられるほどに、江戸時代が基本的に平和であったことを物語っている。

明治以降の財政では一般会計の経常部・臨時部に形を変え、これは終戦直後まで続く。そして第二次世界大戦後に、連合国軍最高司令部（GHQ）が1946年7月3日付の通達で経常部・臨時部の区別廃止を求めたため、昭和22（1947）年度一般会計からこの区別はなくなった。

明治に入ると新政府は、戊辰戦争（明治元〔1868〕～2年）、佐賀の乱（明治7〔1874〕年）、その他各地での暴動などの内戦・内乱対応、また外地出兵では台湾出兵（明治7〔1874〕年）と江華島事件（明治8〔1875〕年）への対応に迫られた。これに要した経費は、すべて一般会計の臨時部で処理されている。

そして明治10（1877）年には西南戦争が勃発する。佐賀の乱に要した費用は当時の一般会計歳出の1％強、台湾出兵も2・7％程度だった。しかし西南戦争では、それが一気に40％近くに跳ね上がった。そこで、西南戦争に関連する収支を一般会計から分離させ、「別途会計」として管理することとなった。これが後の臨時軍事費特別会計の原型となる。いってみれば、戦費の「離れ座敷」化である。

臨時軍事費特別会計（臨軍特会）とは、大規模な戦争が起こった際、それに関わる収入と支出を一般会計から独立させて会計処理をした特別会計だ。同会計は日清戦争、日露戦争、第一次世界大戦・シベリア出兵、日華事変・太平洋戦争の4回編成された。ただし同じ戦争でも、北清事変（1900～01年）や3度にわたる山東出兵（1927～29年）、満州事変（1931～32年）、第1次上海事変（1932年）などは一般会計の臨時部で処理された。また第2次上海事変（1937年）の経費は、既に日華事変が始まっていたことから、日華事変・太平洋戦争の臨軍特会から支出されている。

臨軍特会の対象となるのは陸海軍の運用経費であり、直接戦費に近い。外交交渉や戦時保険、治安対策・徴兵、鉄道輸送力強化、国債発行・軍票製造などの間接戦費は、それぞれが担当する各省庁の一般会計の臨時部から支出された。

太平洋戦争の時には陸軍省・海軍省・企画院・商工省の軍需関連部局を統合して１９４３年11月に軍需省が新設され、その戦争関連経費も臨軍特会の対象となった。

三ツ星レストラン

特定の戦争に関わる偶発的な経費を、他の経常的な財政支出とは区別して管理するということは、財政管理手法としては進んだものといえる。日本以外では、このような例は見当たらない。特に支出だけではなく、収入も「戦費専用」として経常目的の収入と区別する点は、財政規律を維持するうえでも重要だ。

戦争になれば財政当局や議会も管理が甘くなる。そこへ持ってきて、経常的な収入と臨時的な収入が混在する「どんぶり勘定」となると、管理の甘い臨時収入で経常支出を賄おうとするのは人情だ。臨軍特会の制度は管理手法としてはよくできている。

近年では、大規模災害や感染症・金融危機などの対策経費を、特別会計として収入・支出を一般会計とは分離して管理するのがよいという意見も出ている。平成24（２０１２）年度には「東日本大震災復興特別会計」が設置され、復興関係の歳入・歳出が一般会計から切り離された。

表3-1　臨時軍事費特別会計支出と一般会計歳出

（単位：百万円）

臨時軍事費特別会計（西南戦争は別途会計）	支出額①	初年度一般会計歳出②	①／②	デフレータ1894年＝100
西南戦争 1877年2月～78年10月	41.6	48.4	0.9	（77）
日清戦争 1894年6月～96年3月	200.5	78.1	2.6	100
日露戦争 1903年10月～07年3月	1,721.2	249.6	6.9	172
第一次世界大戦・シベリア出兵　1914年8月～25年4月	881.7	648.4	1.4	240
日華事変・太平洋戦争 1937年9月～46年2月	165,413.8	2,709.2	61.1	467

注：デフレータはGDE（国民総支出）デフレータ。1877年の値は卸売物価指数をもとに参考値として記載

出所：大川一司他（1974）『長期経済統計1 国民所得』東洋経済新報社、日本銀行統計局（1966）『明治以降 本邦主要経済統計』日本銀行統計局より作成

臨軍特会の欠点は、開設から閉鎖までを一会計年度としたことだろう。日清戦争は１８９５年４月に「下関条約」が結ばれたが、臨軍特会が閉鎖されたのは１８９６年３月だ。これは派遣軍の撤収・復員に加え、講和条約で清から獲得した台湾平定の戦費もここから支出されたのが理由である。

日露戦争でも「ポーツマス条約」締結は１９０５年９月であったが、臨軍特会は１９０７年３月まで存続した。第一次世界大戦・シベリア出兵では１９２２（大正11）年11月に復員したが、臨軍特会の閉鎖は１９２５年４月であった。

この間が「一会計年度」で、会計年度後に会計検査院の検査が行われる。なお戦前の会計検査院は天皇に直属しており、統帥権を押し立てる参謀本部や軍令部と立場的には同格だった。ただ統帥権は憲法で定められた「天皇大権」であった。

ところで日華事変・太平洋戦争では、「ポツ

ダム宣言」の受諾が決定して陸海軍に侵攻作戦の中止が命じられたのが１９４５年８月15日、日本と連合国が戦艦「ミズーリ」艦上で降伏文書に調印したのが同年９月２日、「サンフランシスコ平和条約」が締結されたのが１９５１年９月８日である。しかしその臨軍特会はＧＨＱの命令で、１９４６年２月末に閉鎖された。

それまでの臨軍特会に比べると異例で急な閉鎖だが、ＧＨＱの命令は絶対だった。

では臨軍特会は、果たして「すき焼き」だったか。日清戦争の時には、臨軍特会は開戦年である１８９４年の一般会計歳出の２・６倍であった。これが日露戦争では６・９倍となり、第一次世界大戦・シベリア出兵では１・４倍に下がった（表３－１）。

なるほど、臨軍特会は「すき焼き」であったといえなくもない。これが日華事変・太平洋戦争の臨軍特会では、同会計が開設された１９３７年の一般会計の61・１倍に跳ね上がる。この間にインフレも進み、１９４５年の東京小売物価指数は１９３７年の２・７倍であった。しかしインフレによる数字の膨らみを考慮しても、日華事変・太平洋戦争の臨軍特会は文字通り桁違いの規模であることは疑いない。

こうなると、もはや「すき焼き」を通り越して、三ツ星レストランでのフランス料理フルコースと言いたいところだが、これは国民が「欲しがらず」「堪へ難キヲ堪へ」て絞り出したものである。

2 戦争と増税と議会制度

戦時増税事始め

それでは「離れ座敷」である戦費には、どのような調達手段があるだろうか。

戦費調達手段には、通貨発行、増税（直接税・間接税）、それと借入れ（内債・外債）などがある（表3-2）。これらの中では、通貨発行が最も抵抗が少ない。国民は自分の懐が痛むわけでもないので、強く反対する必要もない。しかし長期的にはインフレを招くので、いずれ国民負担が顕在化する。またインフレは資産価格を上昇させるので、資産を持つ人と持たない人の格差を助長する。

増税、中でも直接税のそれは自分の懐具合に直接影響することから、国民の反発は大きい。間接税であれば、庶民は節約や買い控えという対応策にでることも可能だ。これが直接税となると課税を逃れる術がない。ただ直接税は収入・財産の過少申告など、脱税がしやすいという欠点がある。

内債発行は増税と異なり資金が自発的に行われること、また資産として手元に債券が残ることから国民の反発は少ない。ただしこれは、過大に発行されると通貨増発に結び付くのでインフレを誘発する。インフレが過度に進むと経済活動の不確実性が増して悪影響が出るほか、戦費提供のために国債を買った人の資産（＝国債）価格が目減りする。

通貨金融制度や債券市場が整備されていない時代では、いくら国民に嫌われようが戦争に必要な偶発的な出費は増税に頼らざるを得ない。記録に残る最も古い戦争目的の課税は、約4500年前の古

表3-2　戦費調達手段と国民の反発・副作用

	国民の反発	副作用
通貨発行	ほぼなし	インフレ
直接税増税	大	脱税の誘発
間接税増税	やや大	逆進性
内債	小	インフレ
外債	ほぼなし	デフレ

代メソポタミア・ラガシュ第1王朝のものといわれている。この増税は、戦争が終わってもそのまま残された。

古代アテネでは、戦時になると民会の決議を経て税率1～2％の戦時財産税が課せられた。自己申告の財産額に応じて課税され、貧しい者には免税措置もあった。

目を引くのが徴税方法で、徴税請負制が導入された。課税対象者を100の集団に分けて、その代表者が集団全員分の戦時財産税を立替払いする。その後に代表者が集団の各人から税を取り立てるのだが、こうなると取り立てる者も必死だ。

戦利品が入ると減税されることもあったが、そもそも直接税は不評なため、ラガシュとは異なり戦争が終わるたびに戦時財産税は廃止された。さすが民会で決められただけのことはあった。

この制度は、戦争税として形を変えてローマ帝国にも受け継がれる。贅沢品への税率が高くなった（累進課税）こと、貧困者への免税がなくなったこと、外国人が課税対象から外れたことなどの点で、アテネとは異なっていた。

財産額は申告にもとづくが、虚偽の申告があった者は奴隷として売却されることもあった。ただローマ帝国では戦争税そのものが紀元前2世紀中頃には廃止され、戦争で獲得した属州からの賠償金や経常収入がこれに代わった。

ローマ帝国の後期には、歳入の約4割を戦利金品と賠償金、3割強を属州からの税と鉱山収入が占め、その他には捕虜売却代などがあった。歳出の方は第2章（マクロ経済学）で見たように、7〜8割が軍事支出だった。属州や鉱山、捕虜が戦争で獲得したものであることを考えると、ローマ帝国は戦争で収入を得て、戦争のために支出していた。

中世の戦争と税

中世の欧州では、封建領主でもあった騎士階級は戦費を自分で工面したので、彼らを束ねる封建諸侯や国王の負担は大きくなかった。ただ貨幣経済が普及する中世後期になると、欧州大陸では傭兵が広く利用されるようになる。国王は傭兵や地区ごとに募集される兵士などで国王軍を編成したのだが、戦争そのものも「王朝的性質を示していた。君主が他の君主と戦ったのである」（ジョルジュ・カステラン『軍隊の歴史』）。

君主同士の戦争であるから、戦費も初めの頃は王領からの収入で賄われていた。それには限りもあり、そのうち国王は貴族や都市住民への課税を試みる。しかしそんな戦費を負担させられては、貴族や庶民もたまったものではない。

フランスとの戦争のために重税が課せられたイングランドでは、1215年に貴族たちが国王ジョン（在位：1199〜1216年）に「マグナ・カルタ（大憲章）」を無理やり承認させ、国王の徴税権を制限した。

ジョンの治世はロビン・フッド伝説の時代で、その物語では当時の世相を「ジョンと彼の追随者たちは、貪婪な権力欲を満たそうとして、容赦なく人々を足の下に押しつぶし、踏みにじるような結果となった」「実直な民草は長い圧政によって意気を阻喪し、憂鬱な気分に陥っている」（ローズマリ・サトクリフ『ロビン・フッド物語』）と散々に描かれている。「よこしまな手で汚れを知らぬ処女のごとき王冠を凌辱するにいたった」（ウィリアム・シェイクスピア『ジョン王』）彼は、無能・暴虐などから「英国史上最低の国王」と見られている。

王がこの有様では「マグナ・カルタ」を押し付けられるのも無理ないが、これはその後の国王によってたびたび破られる。

またフランスでは、ジャンヌ・ダルクが活躍した百年戦争（1337～1453年）の間、戦費を賄う課税の承認を受けるために聖職者・貴族・平民で構成される三部会がたびたび開催された。

戦時増税と民主主義の確立

三十年戦争（1618～38年）の一環として、イングランドはスペインに艦隊を派遣して攻め込んだものの失敗した（1625年）。そこでイングランドのチャールズ1世は議会に臨時増税を求めたが、認められたのは1年間限定の少額増税のみであった。

怒った国王は1626年に議会を解散して、国王への貸付け強制、関税引き上げを行う。これに納得しない議会は、2年後の1628年に議会の同意のない課税を禁じる「権利の請願」を国王に認めさせた。しかしこれもしばらくすると無視される。

そして今度はスコットランドとの戦争経費を賄うための増税を巡って、チャールズ1世は議会と対立し、1642年には国王軍と議会軍の衝突に発展した。この内戦は1649年に議会軍の勝利に終わってチャールズ1世は処刑され（清教徒革命）、軍功と名声のあったクロムウェルが護国卿に就き共和制の下で軍事独裁を始めた。

1660年には王政復古となるが、プロテスタントが多い議会と反目していたカトリック教徒のジェームズ2世が常備軍を設置すると、再び国王と議会の対立が決定的となった。このため議会は1688年にオランダ総督オラニエ公ウィレム3世を王に迎え、公はウィリアム3世として即位する（名誉革命）。翌年に「権利の章典」が発布され、ここにイングランドで議会制民主主義が確立した。「権利の章典」の中にもくどいように、「議会の同意のない課税禁止」の条項がある。しかしその後、これが反故にされることはなかった。このように議会制民主主義は、戦争と税を巡る国王と議会の争いを通じて確立された。

なお「権利の章典」では、平時には議会の同意なしに常備軍を組織することが禁じられている。戦争と税に翻弄されただけあり、議会は国王の課税権だけではなく軍政にも制限をかけた。

フランスの三部会の方は、17世紀の初め以降はしばらく開催されなかった。しかしルイ14世の対外戦争で財政赤字が絶望的に膨らんだことから、ルイ16世は1789年5月に170年ぶりとなる三部会を召集して課税の承認を求めた。

ただし当初から第三身分（平民）と国王・貴族の対立は抜き差しならず、6月20日の球戯場の誓い、7月14日のバスティーユ牢獄襲撃・フランス革命の勃発につながった。そして三部会を改編した憲法制定国民議会が1789年8月26日に採択した「人権宣言」には、武力維持のための平民に偏らない公平な課税と市民が課税に関与する権利が明記された。

３　歪む財政

金（かね）のかわりに二本差し

江戸川柳に、「町人も金（かね）のかわりに二本差し」というのがある。商人から金を借りた大名が返済できなくなったので、借金を棒引きの代償として商人に名字帯刀を許した様を詠んだものだ。名字帯刀を許すだけで借金をチャラにできるのであれば、首が回らなくなった領主は喜んでそうするに違いない。金融取引でのモラルハザードは、こんなところにも見られる。

戦争が起きた場合、増税の他に政府が頼るのは「借入れ」だが、封建領主が借金を踏み倒す例が散見されるのは洋の東西を問わない。イングランド王エドワード3世（在位：１３２７～77年）は、フィレンツェの財閥バルディ家とペルッツィ家から多額の戦費を借り入れたものの、資金繰りがつかずに返済を停止した。後にフィレンツェを代表する大富豪となるメディチ家は、この頃はまだ小規模財閥だった。

普通であれば返済できない方が破産宣告を受けるのだが、金額があまりに大きいと借りた者の方が強い。「金を返せ、返さないと担保を処分するぞ」と言う貸主に、借りている側が「やれるならやってみろ」とすごんで時間を稼ぐと、貸主は資金繰りがつかなくなる。この場合も、破産したのはバルディ家とペルッツィ家の方だった。おかげで１３４５年には、フィレンツェ全体が不況に陥った。また百年戦争では、フランスの富豪ジャック・クールがフランス王シャルル7世の戦費を用立てた。

しかし何と言っても、「古代ローマ時代から十九世紀のはじめに至るまで、即ちロスチャイルドの勃興までは、戦争や政治に投資して産をなした財政家としては、フッゲル家（引用者注：フッガー家）の右に出るものはなかった」（ルワンソーン『戦争は儲かるか』）。

元々毛織物業者だったフッガー家は、15世紀の後半に戦争に負けたチロルの負債整理を引き受け、その代償としてチロルの銅山・銀山を獲得した。この債務との交換による鉱山の権益確保は、現在でもロシアの民間軍事会社や中国が採っている手だ。

その後フッガー家はハプスブルク家（神聖ローマ帝国、スペイン）やローマ教皇庁の金庫番として度重なる戦争で資金を提供し、ドイツ農民戦争（1524～25年）でも領主側の戦費を賄った。宗教改革の原因ともなった免罪符販売を請け負い、マゼランの世界一周航海（1519～22年）の費用を用立てたのもフッガー家だった。しかしスペインへの貸付けが焦げ付き、これを機にフッガー家は衰退する。

日本でも川柳のネタになるだけあって、平時ではあるが江戸時代の大名貸しや御用金の多くが回収不能となっている。

戊辰戦争では、明治新政府は戦費の4割以上を豪商・両替商からの御用金（会計基立金）で賄った。新政府内には、「幕府と同じように御用金は返済しなくてもよい」とする意見もあったが、会計を預かっていた三岡八郎（由利公正）は全額返済の方針を貫いて完済している。

もっとも御用金は小判で集めたが、返済の方はヨチヨチ歩きの明治新政府が発行した、信用の固まっていない紙幣（太政官札）で行われた。貸した方にしてみれば、何となく騙された心境であったろう。

巧妙な発明

戦争の規模が大きくなると、戦費を賄うのに豪商からの借入れだけでは足りなくなり、広く大衆から資金を借り入れる必要が出てくる。戦時国債の発行である。もちろん債券市場の整備が前提となる。

イングランドで初めて国債が発行されたのは1693年であるが、これはファルツ継承戦争（1688〜97年）の戦費充当が目的だった。イングランドは、スペイン継承戦争（1701〜14年）でも戦費調達のための国債を発行した。これら2つの戦争では、戦費の約3割が国債で調達された。これをイマヌエル・カントは、「現世紀における一商業民族（引用者注：英国のこと）の巧妙な発明」（カント『永遠平和のために』）と表現した。

戦費調達の国債依存は、18世紀後半に入ると圧倒的に高くなる。オーストリア継承戦争（1740〜48年）やクリミア戦争（1853〜56年）では、戦費の約半分は国債発行で調達された。時代が下って第2次ボーア戦争（1899〜1902年）では戦費の約3分の2が外債を含む国債によるものだった。プロイセンも普仏戦争（1870〜71年）では戦費のほぼ全額を公債発行に依存している。

なおクリミア戦争後に財政が逼迫したロシアは、1867年3月にロシア領だったアラスカを米国に売却している。売却金額は720万ドルで、これは当時のロシアの歳入の約40分の1に相当した。また米国の歳出で見ると2%ほどの金額で、当時の米国内では「巨大な冷蔵庫を買った」と文字通り冷笑する向きもあった。しかし今から考えると、これは米国の大英断だった。

このような国債依存は、産業革命を経て国民所得の水準が向上したこと、それとともに債券市場が整備された結果である。南北戦争（1861～65年）では工業化が進んでいた合衆国（北部）は戦費の国債依存率は65％だったが、近代化の遅れていた連合国（南部）は24％だった。日本の臨時軍事費特別会計でも日清戦争の時には収入の52％が国債であったが、10年後の日露戦争ではこの値は82％となった。

ところで日華事変・太平洋戦争では、戦費の国債依存度は62％に下がった。その代わり、変わった形の借入れが行われた。「現地通貨借入金」である。日華事変・太平洋戦争の臨時軍事費特別会計の約4分の1は現地通貨借入金で調達された。

中国・満州やタイ、仏領インドシナ、南洋諸島に樹立された日系政権の中央銀行が発行した現地通貨を、政府が特殊銀行などから借り入れたものだ。借入れ先の特殊銀行は戦後にGHQの手で閉鎖された。つまり返す相手がなくなったので返済もできず、この金額は今でも旧臨時軍事費の借入金残高4144億2196万1575円として残っている（財務省理財局「国債統計年報（令和4年度）」）。

請求書の現金化

ナチス政権下のドイツは、軍備拡張の資金を捻出するために「メフォ手形」という制度を導入した。1933年8月、クルップやシーメンスなどの大手軍需関連企業によって冶金研究協会（メフォ協会）が設立された。これは職員が帝国銀行（中央銀行）からの出向であるなど、帝国銀行関連の幽霊会社だった。

メフォ手形は一種の自己受為替手形で、国防省から発注を受けた企業が政府宛に振り出す。ただしメフォ手形はメフォ協会が保証（裏書き）することで信用が高まることから、帝国銀行（中央銀行）で支払期限前の現金化（割引き）が可能となる。一般に中央銀行が買い取って現金化するのは一流銘柄の手形に限られるのだが、信用度の低い企業が振り出した手形でも、メフォ協会が裏書きすることでそれが可能となった。

簡単にいうと、メフォ手形は軍需企業が発行した政府宛の請求書で、大企業で構成するメフォ協会が支払いを保証し、実際の資金は帝国銀行が政府に代わって立て替えた。請求書を担保に融資するわけだ。

為替手形は短期運転資金の決済用なので、支払期限は振出日の３〜６カ月後であるのが普通だが、メフォ手形はそれが最大5年まで延長できた。メフォ手形を振り出した軍需企業の方はそれまで入金を待てないので、銀行に持ち込んで割り引いてもらう（利子を差し引いた現金化）。

こうしてメフォ手形は銀行間を流通し、最終的には帝国銀行が買い取って政府の支払いを支払期限まで保有する。手形の期限が来ると、政府はそれを帝国銀行から買い戻す。事実上の財政支出先送りで、その間は帝国銀行の通貨発行が肩代わりすることからインフレを惹起する。

メフォ手形は１９３８年3月末に発行停止となったが、その間の軍事支出の６割以上を負担した。他方で償還の方は進まず、満期が来ても多くは書き換えられたので、ドイツが降伏する２カ月前となる１９４５年2月末の時点で、総発行高の約３分の2が市中に残っていた。

戦わない戦費

苦労して戦費をかき集めても、使うことが許されない場合もある。

日露戦争での日本は戦費の8割を借金に依存し、その半分は外債であった。日本が戦争を行うために外債を発行したのは、後にも先にも日露戦争の時だけである。

日本銀行副総裁として欧米に派遣された高橋是清が、欧米の銀行家の間を走り回って何とか外債発行を成功させた。ただし戦争期間中に輸入代金として海外に流出した正貨（外貨）は3億7000万円と、外債発行高7億円の約半分で、残りは日本が所有したままだった。「保有」といっても、その多くは外国の銀行に日本政府や日銀が保有する口座にあった。この外国の銀行には、日銀の代理店であった横浜正金銀行の海外支店も含まれる。

このように外国に留め置いてある日本名義の正貨、いわゆる「在外正貨」の主な役割は、円の信用維持だった。十分な量の正貨、具体的には当時の基軸通貨であった英ポンドがあれば、戦況が不利となって円売りに直面しても、ポンドを売って円を買い支えることができる。

この在外正貨は、戦費である臨時軍事費特別会計の収入として発行された外債の代金である。つまり政府が「財政金融政策」として行った結果ではなく、「戦費調達」として行ったものだ。ただしこれをすべて戦争用の武器弾薬や石炭輸入に使ってしまうと、円価維持用の正貨がなくなってしまう。いわば「戦わない戦費」だった。

見せ金となった戦費

さらに戦費は、講和交渉での「見せ金」としても機能した。日本政府は日本海海戦の大勝利から2カ月後の1905年7月に英貨公債を発行した。ポーツマス会議開催の前月である。

英国・米国で銀行団と外債募集の折衝に当たっていた高橋是清は、講和が近いこともあり初めはこの外債発行は不要と考えていた。

日本の外債に好意的に対応して、後に「ロシア国内ではユダヤ人が虐げられており、日露戦争を契機にロシアで政変が起きるのを期待した」と語ったニューヨークのユダヤ人銀行家ヤコブ・シフも、さすがにこれは過大な借入れと感じていた。

しかしこの英貨公債の発行は、講和交渉に臨むに際して日本には和戦両様の備えがあることを示す意味があった。

発行額面は３０００万ポンド、実収額は2億５１１４万円。奉天会戦前後数カ月間の陸軍省所管の臨軍特会支出が１カ月当たり６０００万円弱なので、この金額は数カ月以内に、日露戦争最大の地上戦となった奉天会戦をもう１回行うことができる計算となる。

では、この金はどうなったかというと、終戦前後の軍備拡張に充当された。ロシア相手の戦争に勝ったというものの、それは崖っぷちの勝利だった。引き続きロシアの脅威に対抗する必要があるため、終戦前から臨時軍事費特別会計を用いて、師団増設や艦艇建造、鹵獲したロシア軍艦の浮揚・修理などが行われた。

なおこれらの維持費は、臨軍特会が閉鎖された後には一般会計から支払われた。この場合の戦費は、平時の軍備拡張の呼び水と機能したことになる。

4 国破れて賠償あり

借金の後始末

戦争は比較的短期で終わる。近代以降では南北戦争が4年、日露戦争が1年半、第一次世界大戦で4年である。第二次世界大戦は6年だが、日本の場合は日華事変も合わせると8年になる。

これに比べると、応仁の乱の11年などは「よくそんなに長い間戦いを続けたものだ」と呆れてしまい、欧州の百年戦争や三十年戦争に至っては気が遠くなる。ただこれは諸侯や国王の対立が続いた期間ということで、近代以降に見られるような「戦争」が何十年も続いたわけではない。

戦争は数年単位だが、その戦費を賄う国債の償還期間は数十年単位となる。ところが日露戦争の時に発行した当初の内債は5～7年満期で、外債も7年満期だった。ただでさえ日本の信用度はそれほど高くなかったところに、ロシアとの戦争で日本国債は「高リスク商品」と見なされていたため、満期も5～7年と比較的短かった。

厳しかったのは2つ目の戦時外債発行となった、「第二回六分利付英貨公債」だ。発行は1904年11月だが、この2カ月前の遼陽会戦で日本は辛勝したもののロシア軍以上の損害を出しており、ロシアによる「戦略的後退」の喧伝を許した。10月には2度目となる旅順総攻撃に失敗し、バルチック艦隊が日本に向けてリバウ港を出港するなど、日本の不利を思わせる出来事が重なる。結局、日露戦争中に発行した都合4回の戦時外債の中では発行条件が最も悪かった。

表3-3　日本の戦時国債の借換えと最終償還

国債で戦費を調達した戦争	戦時国債の処置	最終償還年度
日清戦争	銷却＋内債・外債に借換え	昭和60（1985）年度
日露戦争（内債）	償還＋内債・外債に借換え	昭和45（1970）年度
〃　　（外債）	償還＋外債に借換え	昭和42（1967）年度
第一次世界大戦・シベリア出兵	内債に借換え	昭和26（1951）年度
日華事変・太平洋戦争	償還＋内債に借換え	昭和47（1972）年度

出所：小野圭司（2021）『日本 戦争経済史――戦費、通貨金融政策、国際比較』日本経済新聞出版

戦時国債、特に外債の場合は、戦況が好転すると発行環境も良くなる。しかし戦いに勝つためには、国債を発行して戦費を確保する必要がある。この辺りはニワトリと卵の関係だ。

戦争が終わると、「条件の悪い戦時外債は早く返してしまえ」ということで、日露戦争中に発行した戦時外債はすべて満期到来前に新規外債で借り換えられた（表３－３）。しかし戦争に勝っても、日本国債の市場金利はロシア国債よりも高かった。金融市場では浪花節は通用しない。

日本の戦時国債発行で、圧倒的に規模が大きいのは日華事変・太平洋戦争で、１０７１億円が戦費に充当された。１９４６年のＧＮＰが４７４０億円に対して、国債残高は２６５３億円と対ＧＮＰ比は56％だった。ちなみに令和４（２０２２）年度ではＧＤＰが５６６兆円に対して国債残高は１０２９兆円で対ＧＤＰ比は１８２％となる。

この巨額の戦時国債累積に対して、経済学者で日銀の顧問でもあった大内兵衛が、ラジオ番組で「蛮勇をもって戦時債務を破棄せよ」と当時の渋沢敬三・蔵相に迫った。

ところが当時は消費者物価が平均年率30％を超えて上昇するインフレだった。このため国債の実質残高はこのインフレ率で年々目減りしていった。「戦後インフレーションによって、終戦直後に債務処理問題とし

て懸念された国債の負担問題は、少なくとも国庫の観点から見る限り、雲散霧消した」（大蔵省財政史室編『昭和財政史――終戦から講和まで　第11巻』）。

インフレは外貨流出を引き起こし、為替相場の下落を招く。これは輸入品の価格を上昇させるので、インフレを加速させる悪循環に陥る。理論的には、これを食い止めるには社会全体の生産性の向上しかない。

戦後の日本では、軍需産業強化に向けた戦時中の各種統制が解除されたが、これは民生品産業にとっては規制緩和が進められたのと同じ効果を生む。また戦時体制から平時の経済運営に切り替わることで、民生部門の生産基盤も整えられた。これらは大きな痛みを伴ったが、マクロ的には民生部門の生産性向上を通じたインフレの抑制に大きく寄与した。

掠奪から賠償金へ

近代までは、戦争があると負けた側は悲惨であった。勝者による掠奪・暴行は報酬として普通に行われ、ある意味では敗者の賠償も兼ねていた。これは武装が兵士の自弁であったことから自然と導かれる結果で、日本も大して変わらない。

太古より、敗者による賠償金支払いは行われていた。ポエニ戦争で3度続けてローマ帝国に敗れた地中海の商業都市カルタゴは、第1次（紀元前264～前241年）・第2次（紀元前219～前201年）の戦争では、本土が侵攻される前に降伏して多額の賠償金を払っている。しかし本土が戦場となった第3次戦争（紀元前149～前146年）では、敗れたカルタゴは徹底的に破壊・掠奪された。

中世に入ると欧州では、弱者をいたわり敵に対して礼節をわきまえる「騎士道」も生まれたが、これは特権階級である騎士の間では有効であっても下層階級や異教徒には適用されなかった。掠奪だけではなく、捕虜の殺害や奴隷化、戦時の放火も、宗教的な意味での「正しい戦争」の場合には犯罪とならない。なお金銭供与と引き換えに、掠奪や放火が控えられることもあった。

掠奪などが否定されるには、近代政治思想の登場を待たなければならない。つまり「戦争は人と人との関係ではなくて、国家と国家の関係なのであり」、戦争中であっても「個人の生命と財産は尊重する」（ジャン＝ジャック・ルソー『社会契約論』）という概念の出現である。

長州藩が英米仏蘭の四カ国と戦った下関戦争（１８６３・64年）では、日本側はこの「近代的な意味」での戦争賠償金を支払うことを求められた。金額にして３００万ドルで、これには四カ国連合軍が下関市街を焼き払わなかったことに対する代価が含まれていた。いうなれば、「掠奪・放火を自制した見返り」である。

ここで面白いことに、英国のチャールズ・ウィンチェスター代理公使が、賠償金の減免を提案している。幕府は外貨での賠償金支払いのためには関税を引き上げることになるが、そうなると英国の対日輸出が不利益を被るというわけだ。これは50年後に、第一次世界大戦の対独賠償金の軽減が連合国の利益になると述べたジョン・メイナード・ケインズの主張を彷彿させる。

賠償金の減免自体は幕府にとって良い話だが、その条件となっていた兵庫開港について幕府は朝廷から許しを得られず、賠償金を全額支払うことになった。この賠償金は６回の分割払いだったが、江戸末期には幕府財政が逼迫したことから4回分以降支払いが停止となった。これは明治新政府に引き継がれ、1874（明治7）年7月に支払いは終了した。

賠償金と国債

金融市場の発達で、近代では大規模戦争の戦費調達は国債発行に依存したが、戦後の賠償金も国債頼みだった。経常収入では工面できない戦争を始めておきながら、敗れた方は賠償金でも借金を重ねることになり、踏んだり蹴ったりである。

ワーテルローの戦い（1815年）後に締結された「パリ条約」（1815年）では、ナポレオンの百日天下の賠償金7億フランに加えて、連合国に対する損害賠償、条約上の義務履行を強制させるための保障占領の経費など、合わせて16億5000万〜19億5000万フランの支払いがフランスに課せられた。これは当時のフランスのGNPの約2割に相当し、その9割近くは国債発行で賄われた。

普仏戦争（1870〜71年）ではフランスは、プロイセン軍にパリを包囲されたが、降伏後に掠奪などの被害を受けていない。ただしフランスは、GDPの2割に相当する50億フランの賠償金を支払うことになり、これを賄うために賠償金国債を発行した。戦争でフランス国債の相場は3分の2近くに暴落したが、戦後に発行された賠償金国債は人気上々だった。

日清戦争（1894〜95年）の賠償金2億3150万両（邦貨換算3億5598万円）も、清国は外債を発行して調達した。この外債引き受けには、英仏独露の銀行がシンジケート団を組んだ。これは民間金融機関による利益追求もさることながら、この外債発行引き受けを機に、西欧列強が政府主導で清国での権益確保の足掛かりにしようと試みた結果であった。

清国にしてみると、戦争に負けて賠償金支払いのために借金をした相手から、虎視眈々と権益奪取の機会を狙われているわけで、泣きっ面に蜂もいいところだ。この賠償金の一部はロシアから借りているが、これを受け取った日本はそれを使って軍備増強を行い、その軍備で日露戦争を戦った。ロシアにしてみると、清国に貸したカネが日本の手に渡り、それで増強された日本軍に戦争で負けたことになる。まさに金は天下の回りものだ。

ドイツは普仏戦争の賠償金、日本は日清戦争のそれを原資として、それぞれ1876年と1897年に金本位制を導入している。欧米列強が金本位制を採用する流れにあって、新興国であったドイツや日本も金本位制の導入で為替の安定と資本流入の促進を目論んだ。


戦争賠償金の歴史において、最も有名でありかつ重要なものは第一次世界大戦のそれである。その負担は表3－4に示す通り、群を抜いている。国土を蹂躙されたフランスは、ドイツに対して「カルタゴ的講和」を強要し、首相のジョルジュ・クレマンソーはドイツによる報復可能性を根こそぎ奪う覚悟でパリ講和会議に参加した。これに対して英国大蔵省の首席代表として同会議に参加したケインズは、過大な賠償を課してドイツを経済的に疲弊させることは連合国の利益にならないと強く反対した。

「ヴェルサイユ条約」（1919年）にもとづいて設置された連合国賠償委員会は、1921年4月にドイツの賠償金は1320億金マルクと決定する。この「金マルク」というのは、大戦前の金本位制下のマルクを意味する。つまり戦後に金本位制から脱したマルク建てではないので、インフレによ

表3-4　主要戦争の賠償金比較

戦争	賠償金支払国	賠償金支払期間	賠償金の対GDP／GNP比
ナポレオン戦争	フランス	1815〜19年	18〜21%
普仏戦争	フランス	1871年	約20%
日清戦争	清国	1895〜98年	（約5%）
第一次世界大戦	ドイツ	1923〜31年	83%（188%）
第二次世界大戦	ドイツ	1953〜65年	7.7%
	イタリア	1947〜65年	1.1%
	日本	1955〜76年	6.0%

注：日清戦争の「賠償金の対GDP／GNP比」は、清国の名目GDPの値が不明なため、実質値をもとにして算出した参考値。第一次世界大戦の「賠償金の対GDP／GNP比」はヤング案による減額後の値であり、「ヴェルサイユ条約」で定められた当初の金額は括弧内のもの。日本の賠償には「準賠償（無償経済援助）」を含む

出所：Eugene N. White（2001）“Making the French pay: The cost and consequences of the Napoleonic reparetions,” *European Review of Economic History*, vol.5, no.3、小野圭司（2021）『日本 戦争経済史——戦費、通貨金融政策、国際比較』日本経済新聞出版より作成

る目減りはない。

しかしこれはあまりにも巨額であり、賠償返済が不履行となる。英国やフランスに多額の戦費を貸し付けた米国にとって、ドイツが英仏両国に支払う賠償金はその返済原資でもあった。このため米国主導で、数度にわたる交渉を経て減額された賠償金額を、ドイツは年賦返済することとなった。

ところが1933年1月に成立したナチス政権が、この年賦返済を拒否する。第二次世界大戦後、連合国と西ドイツは1953年に「ロンドン債務協定」を締結し、戦前債務の元金をさらに55%に圧縮して西ドイツが継承した。また同協定締結前に当たる1945〜52年の未払い利子も東西ドイツ統一後に再開され、ドイツ再統一20周年に当たる2010年10月3日に返済が終了した。

戦費も賠償金も、その後始末には継戦期間の数倍を要している。

進駐軍の駐留経費

在日米軍の駐留経費のうち、基地職員の労務費、施設整備費、基地の光熱・水道費、訓練移転費を日本が負担している。これは1978年から支払われている、「在日米軍駐留経費負担」で、令和5（2023）年度の予算額は2112億円である。一般に「思いやり予算」と呼ばれてきたが、公式な通称は2021年12月より「同盟強靭化予算」となった。

ところで第二次世界大戦の終戦直後にも、同じような財政支出があった。こちらの方は、戦後の占領に来る「進駐軍の経費負担」である。

この経費負担の前に、「進駐軍は日本国内での支払いに何を使うか」という問題があった。軍隊は通常、占領地での支払いには軍票を用いる。これは占領軍の信用で流通する代用通貨で、占領が終わると本来の通貨と交換される。日本も日清・日露戦争や第一次世界大戦・シベリア出兵、日華事変・太平洋戦争では占領地での支払いに軍票を用いた。

しかし終戦直後の日本は、経済政策の主導権をある程度は日本側に留め置く点からも、米軍による日本での軍票の使用には反対していた。否、戦争に負けた日本は、むしろそれを恐れていた。実際に米軍は、沖縄では既に円建ての軍票を使用していた。また終戦後のドイツでは、連合軍がマルク建ての軍票を使っていた。これはベルリンが戦場となり、行政組織が崩壊していた結果だ。

結局、米軍は日本円を使うこととなった。戦争での日本軍の抵抗が頑強だったことから、米軍の関心は占領そのものが円滑に行われるかどうかにあった。このため、米軍が通貨問題にこだわっていな

表3-5　講和後の「防衛庁費」と「防衛支出金」

	防衛庁費（A）	防衛支出金（B）	B／A
昭和27（1952）年度	430億円	559億円	130%
昭和28（1953）年度	625億円	668億円	107%
昭和29（1954）年度	715億円	623億円	87%
昭和30（1955）年度	826億円	458億円	55%
昭和31（1956）年度	933億円	389億円	42%
昭和32（1957）年度	1,120億円	380億円	34%
昭和33（1958）年度	1,213億円	266億円	22%
昭和34（1959）年度	1,356億円	182億円	13%
昭和35（1960）年度	1,528億円	74億円	5%

注：値は決算ベース。昭和27・28年度の（A）は保安庁費で、海上警備隊の経費を含まない
出所：大蔵省財政史室編（1994）『昭和財政史——昭和27～48年度 第3巻予算（1）』東洋経済新報社

かったことも幸いした。

昭和20（1945）年度中は日銀が占領軍に対して必要額を立て替え払いし、その後に政府から日銀に返済するという形で対応したが、昭和21（1946）年度からは「終戦処理費」として予算化された。主として占領軍が使用する兵舎・住宅の建築と、占領軍が使用する家事使用人や通訳・運転手などの日本人雇用者の給与である。

終戦処理費は、昭和21年度の一般会計支出の32％に上った。その後は徐々に比率を下げたが、1952年までのインフレを勘案しない単純平均で一般会計の約14％を占めた。

なお間接統治が採られたイタリアやオーストリアでも、占領費は被占領国の負担となった。またドイツでは19 49年5月のドイツ連邦共和国（西ドイツ）、同年10月のドイツ民主共和国（東ドイツ）設立まで連合国による直接軍政が敷かれていた。

ただ1950年6月の朝鮮戦争勃発や、対日講和交渉の進展、さらには戦後日本の均衡財政を厳しく指導した

GHQ金融政策顧問のドッジ公使が占領経費の日本負担軽減を米国政府に進言していたことから、米国の1952会計年度（昭和26〔1951〕年7月～27年6月）の占領費は日米で折半となった。
日本が独立を回復した昭和27（1952）年度以降は、この半額負担を基準に「防衛支出金」と費目を変えて存続した（表3－5）。

当時の日本側の受け止めは、講和条約締結までの進駐軍による占領は、日本に講和条約締結などを強制する目的で行われる保障占領というものだった。したがって国際法上は戦争状態が継続しており、占領費用は連合国軍の「戦費」である。このため日本が負担した占領費用は賠償金の先払いに該当する。

つまり講和条約で要求される賠償金に対して、「終戦処理費」分は減額されるべきという主張だ。しかし「サンフランシスコ平和条約」では、連合国の賠償請求権自体が放棄された。

なお防衛支出金は防衛分担金（在日米軍への交付金）、在日米軍に対する施設提供などに伴う諸経費、米国軍事援助顧問団経費（昭和29〔1954〕年度以降）で構成されていた。1960年の「日米安全保障条約」（「新安保条約」）成立で、防衛支出金の大部分を占めていた防衛分担金は自衛隊増強と引き換えに、同年度で廃止された（表3－5）。そして昭和37（1962）年度から、「自衛隊増強」を目的とする第2次防衛力整備計画（2次防）が5カ年計画で始まった。

こうした経緯から、1978年に始まった日本による米軍駐留経費の一部負担は、日本側の自発的な支出と位置付けられた。「思いやり予算」と称された所以である。

第4章

戦時の錬金術

戦争の金融論

「長さは四寸ばかり、幅は二寸ぐらいだろう、仙花紙のような薄い質の紙を中に目の粗い寒冷紗が貼り合わせてあった。種類にしたがって黄色や藍色も昨日刷りあがったばかりのように新しかった」（松本清張「西郷札」）。松本清張は、初めて目にした西郷札の印象をこのように綴った。

西南戦争では西郷軍が戦費調達のため西郷札を発行した。当時は西郷軍の旗色が悪く、西郷札は発行当初から人気がなかった。その西郷札も今では希少価値が高く、高値で取引されている。かくも市場は非情である。

―1― 戦争と通貨

戦費調達と悪鋳

戦時の資金調達方法として、増税や借入れ・債券発行を見てきた。それらと並ぶ古典的な戦費調達方法に通貨発行がある。税金は庶民からの反発があり、借入れや債券発行は引き受ける人にしてみるとリスクがある。そうであれば、通貨を増発すればいい。

マックス・ウェーバーは、通貨の機能を大きく欽定的支払手段と一般的交換手段に分ける。簡単にいえば君主の支払手段と一般市民の交換手段だが、歴史的には前者が先行する。そしてペルシア帝国やカルタゴなどでは「貨幣鋳造は、一般には、ただ軍事上の支払手段の造出だけのために行われた」（マックス・ウェーバー『一般社会経済史要論』）。つまり彼によれば、戦費支払いのために通貨発行を利用したというよりは、そもそも通貨は戦費支払いのために発行されていた。

こうなると、「戦費が必要な場合には通貨を増発すればいい」と考えるのが人情だ。シチリア島の都市シラクサの僭主、つまり民主制の下での独裁者であったディオニシオス（在位：紀元前４０５～前３６７年）は貨幣の刻印を変更した。民衆から１ドラクメの硬貨を回収して、「２ドラクメ」と刻印を打ち直すわけだ。さすがにこのやり方はあまりにも単純で、インフレで物価が２倍となるのに時間を要さない。

これに比べるとローマ人はしたたかだった。ローマ帝国の最大版図を現出させたトラヤヌス帝（在位：98〜117年）は銀貨の純度を93・5％から89％に引き下げ、これによって得た収入を東方での戦費に充当した。

セプティミウス・セウェルス帝（在位：193〜211年）の時代には、兵士への賃金支払いなどのために銀貨の純度は54％に引き下げられ、ローマ帝国末期の4世紀にはそれが2％となった。ここまでくると、「銀貨」であること自体が怪しくなる。

日本では新羅討伐の戦費調達を目的に、皇朝十二銭2番目の万年通宝（天平宝字4〔760〕年初鋳：銅含有率77・98％）が、形や重さもほぼ同じ先代の和同開珎（和銅元〔708〕年初鋳：銅含有率82・96％）より低質でありながら10倍の価格で発行された。これは額面を2倍にしたディオニシオスのはるか上をいく。ただし準備だけで新羅遠征は行われなかった。

欧州では百年戦争の期間中、フランスでは初めの24年間に85回の改鋳があり、1360年には銀貨の銀含有量は1306年の約40分の1にまで低下した（その後含有量は回復）。イングランドも1344〜51年にかけて銀貨を4回、金貨は1回の貶質が行われた。

そのイングランドでは、ヘンリー8世（在位：1509〜45年）が対仏戦争に際して行った改鋳が悪名高い。1542年から47年にかけて銀貨の銀含有量はそれまでの3分の1となったことから、「大悪改鋳」と呼ばれている。しかしローマ帝国や中世フランスの悪鋳に比べると穏やかなもので、そこまで言われるヘンリー8世が気の毒でもある。

なおヘンリー8世の悪鋳からの回復を図ったエリザベス1世治世時の改鋳（最後の改鋳は1601

年）以降、英国では銀貨・金貨の量目は1931年のポンド兌換（ポンド紙幣と金貨の交換）停止に至るまでの300年間、ほぼ一定に保たれた。

プロイセンでもフリードリヒ2世（大王）が、七年戦争（1756～63年）の際に金額は少ないものの悪鋳による増収を戦費に充当した。

近代の日本でも、戊辰戦争の際に明治新政府が戦費を賄うため大坂で劣位貨幣を鋳造している。現在の企業経営でも、資金繰りが苦しくなると商品の質を落とすようになるが、戦時の国家も同じである。

平価引き下げ

英国が1816年に「貨幣法」を制定して金本位制を導入したのを契機に、金本位制が徐々に広がった。金を基準に通貨単位を定めるので、コソコソと金貨の金含有量を減らすようなことはできなくなる。しばらくの間、金本位制を採用したのは英国を含む数カ国に限られていたが、普仏戦争後にその賠償金を元手にドイツが金本位制を採用（1873年）すると金本位制を採用する国が相次ぎ、通貨制度の世界標準となった。

金本位制では、中央銀行が発行する銀行券（紙幣）は、同一額面の金貨と交換（兌換）が可能である。金本位制下の日銀兌換銀行券（5円券）には、「此券引換に金貨五圓相渡可申候」と券面上に記されていた。

こうなると、戦争が起こって「どうしても通貨を増発する必要がある」場合に、取り得る手だては2つしかない。金に対する自国通貨の価値を下げるか、それとも金を基準とする通貨単位の制度を止

図4-1　金本位制導入前の日本銀行の貸借対照表

資 産		負債・資本	
正貨	金・銀地金 金・銀貨	銀行券（銀兌換）	正貨準備発行
有価証券貸付など			…保証準備発行
		資本金	

めるかだ。前者は平価切り下げ、後者は兌換停止である。

戦争との関係で、交戦国が自国通貨を切り下げることはまずない。戦争が始まると武器・弾薬やその原材料、食料などの輸入、そして外征戦では外国での支払いが必要だ。そうなると平価切り下げは、自国通貨に換算した対外支払額を増加させるので、切り下げた側にとって不利になる。

「まずない」の例外が、日清戦争の時の日本だ。正確には通貨切り下げではなく、金貨と銀貨の交換比率評価替えだった。当時の日本は金銀複本位制であったが、1884（明治17）年7月施行の「兌換銀行券条例」で日銀券は銀兌換と定められ、当時の日銀券には「此券引かへに銀貨壱圓相渡可申候也」と記されていた一方で、金貨との交換は約定されていない。そしてその銀の価格が、日清戦争勃発の前年から翌年にかけて2割ほど下落した。

日銀券は銀兌換だったのだが、日銀の正貨準備には銀貨に加えて金貨や銀地金・金地金も入っていた（図4－1）。つまり「銀価の下落＝金価は相対的に上昇」に従って金貨を評価替えすると、日銀の銀兌換券発行に対する正貨準備は増えることになる。

ところで銀本位制・銀兌換の銀行券といっても、銀行券発行と同額の銀貨・銀地金、金貨・金地金を日銀が保有していたわけではない。正貨（金・銀地金、金・銀貨）で準備される銀行券は「正貨準備発行」と呼ばれ、それ以外に信用度の高い有価証券で保証される「保証準備発行」があった。もちろん正貨準備発行の比率が高い方が、通貨制度は安定する。

日清戦争の頃は貿易収支が赤字基調だったので、戦費による正貨の海外流出が起こると兌換制度の維持が危ぶまれた。例えば１８９４年６～10月の間、貿易赤字による正貨流出は１３３万円であったのに対し、臨時軍事費の正貨支払いは４９５万円にも達した。

そこで日銀は、正貨準備として保有していた額面１００円・評価額１３０円の金貨を１８９４年11月から段階的に評価替えをし、翌月には最終的に評価額を１９０円とした。こうすることで正貨準備全体の評価額は約15％増えた。兌換銀行券発行残高に対する正貨準備率は50％を割ることはなく、兌換制度は何とか持ちこたえることができた。

戦場の偽札

「西洋で意外だったのは、どこの国にも贋金があることだった」（竹山道雄「スペインの贋金」）。昭和初期に欧州を旅した『ビルマの竪琴』の著者・竹山道雄の感想だが、贋金作りに平時も戦時もない。戦時には国家が贋金を造る場合もある。

銅銭が主要通貨であった中国では、西夏との抗争が続いていた北宋（９６０～１１２７年）が、軍事支出の負担を軽減するために戦費の支払いに安価な鉄銭を充てた。北宋では、当時の中国で貨幣の材料として広く用いられていた銅をほとんど産出しないことも原因だった。

この北宋の成都で、世界初の紙幣といわれる「交子」が発行された。鉄銭は価値が低いため高額取引には大量の鉄銭が必要となり不便なことから、成都の豪商が私札として発行したものだ。９９０年頃のことであったが、1023年には発行元が政府に変わった。しかしこれと前後して、偽札の製造も横行したようだ。紙幣の歴史はそのまま偽札の歴史でもある。

なお1610年に伊勢山田で発行された「山田羽書（はがき）」は、世界で2番目に古い紙幣といわれている。山田羽書は幕府発行の小判との兌換を保証することで信用力を維持し、明治維新を挟んで1873年まで通用した。この山田羽書の偽造防止策は精巧な裏判で、さらに図柄を定期的に変更することで効果を高めた。

ところで戦争になると、政府が堂々と偽札造りに手を染めるようになる。そもそも戦時の偽金造りは、紙幣が現れる前から行われていた。古代ギリシアの都市国家には敵の銀貨を卑金属で偽造するものがあり、15世紀にはミラノが交戦相手ヴェネツィアの通貨を偽造して信用低下を目論んだ。

戦時の偽札作りの主な目的は偽造紙幣による敵の経済混乱で、偽造紙幣は敵地での戦費支払いにも用いられた。米国独立戦争（1775〜83年）では、英国軍が植民地側の紙幣印刷工場を接収して偽造紙幣を製造している。この時は植民地側も戦費支払いのために紙幣を大量発行したため、5年ほどで実質価値は額面金額の40分の1に低下した。

戦費の調達としては、ナポレオンがオーストリア、ロシア、英国などの紙幣偽造を行った。中でも偽造オーストリア紙幣は、オーストリアで押収した紙幣印刷原板を使ってパリで印刷した本格的なものだった。

第二次世界大戦では、ナチス・ドイツがユダヤ人強制収容所で、印刷業経験者を動員して英ポンド、カナダドル、米ドルの偽造紙幣を印刷した。ただ英ポンド紙幣の偽造が中心となった。欧州大陸での利用を考えていたうえに、英ポンド札の方が米ドル札に比べて印刷技術が劣っていたので比較的容易に偽造できた。

偽ポンド札は敵国に潜入したスパイが支払いに使ったり、占領地域での支払いなどに用いられた。戦争後期にイタリア首相を解任され、イタリア中部の山中に監禁されていたベニート・ムッソリーニを1943年9月にナチス・ドイツが救出した際、ドイツはこの偽造ポンド紙幣を使って情報を集めていた。

日本も日華事変の際には、偽札を使って中国でインフレを引き起こし、蔣介石政権の経済基盤を崩そうとした。企画したのは陸軍で、登戸研究所に当時最新鋭の印刷機械を導入して偽札製造を行った。日銀券の印刷を行っていた内閣印刷局（1943年11月に大蔵省印刷局となる）の職員もこの作業を支援した。

日華事変勃発から1年を経た1938（昭和13）年8月に計画が始まり、当初は蔣介石政権の紙幣発行残高の20%を目標に紙幣偽造が進められた。もっとも蔣介石政権もこの情報を入手しており、1939年9月には偽造紙幣に対する方策を規定・公布している。

ところが皮肉なことに蔣介石政権も紙幣発行が急増しており、登戸研究所で偽造された紙幣は発行残高の0・6%に過ぎなかった。偽造紙幣を投入するまでもなく、蔣介石政権はインフレに苦しめられていた。

このため日本の中国紙幣偽造の目的も、インフレを発生させるという当初のものから、現地での支払いに修正された。何のことはない、偽札本来の使い道に戻ったわけだ。

ただし偽造紙幣が、例えば紙幣が十分普及していない辺境地区での物資購入に使われる場合、辺境での紙幣不足は偽札で補填される。いうなれば偽札の利用は敵地の金融緩和・経済活性化に手を貸しており、敵に塩を送っていたことになる。

偽札であっても、石や貝殻と同じように、「特定の支払をこれによって履行する習慣を持つようになった後には」「それ自身としては如何なる経済的価値をもたない」にもかかわらず貨幣として機能する（マックス・ウェーバー『一般社会経済史要論』）。

では連合国はどうだったか。偽札造りのような悪事には手を染めず、正々堂々としていたかといえば、決してそうでもない。英国は第一次世界大戦中に偽マルク紙幣を製造し、ドイツに潜伏していたスパイに渡していた。

第二次世界大戦時、日本軍政下のフィリピンではペソ軍票が使われていたが、米国はフィリピン経済攪乱のため地下組織を通じて偽ペソ軍票をばら撒いた。ただし金額的には、当時のフィリピンでの月間軍票発行数の０・１％程度に過ぎなかった。

また偽札ではないが、英国空軍は偽造した配給切符をドイツ上空で散布した。これは配給制度の下では、紙幣よりも配給切符を偽造した方が効果的だという判断にもとづいていたが、配給切符の偽造は偽札造りよりも大分簡単だったことは間違いない。

―２―戦争と金（きん）

戦争と兌換停止

通貨切り下げがそう簡単ではないのであれば、兌換停止を行うしかない。金本位制の放棄だが、これは通貨と金の結び付きを断つので、自国通貨に対する信用を低下させるという副作用を伴う。

フランス革命・ナポレオン戦争期の英国では、外地で戦費を支払うことで起きる正貨（金貨や金地金）流出が問題となっていた。このためイングランド銀行は１７９７年から１８２１年の間、銀行券の金兌換を停止した。

米国では中央銀行制度となる連邦準備制度が１９１３年に確立されるまでは、多くの州で一定の要件を満たせば発券銀行を設立し兌換銀行券を発行する自由が認められていた。しかし南北戦争時には、正貨の流出を恐れた各銀行は兌換を停止した。

さらに戦時ではないが、フランスでは１８４８年の二月革命の際にフランス銀行が兌換を停止している。これらは「通貨の信用低下」という不利益を甘受しても、正貨流出を防止する方を選んだ結果だ。

日露開戦前の日本でも、戦時の金兌換停止が真剣に検討された。ところが当時の日本は軍需品などを輸入に頼る必要があり、軍の海外駐留経費なども含め所要戦費の３分の１以上が海外支払いになると見られていた。このため金兌換の停止・円の信用低下は現実的に不可能という結論となり、金本位制維持のため外債発行を行うこととなった。

一方のロシアでは、日露戦争後に政情混乱から国際収支の赤字とロシアからの資本逃避が続き、ロシア政府は金本位制停止の準備をしていた。ただしこの時は、英仏などの民間銀行からの融資で正貨・外貨を得たので、金本位制停止をなんとか回避している。

第一次世界大戦では、主要国のほとんどが金兌換を停止した。オーストリア＝ハンガリー帝国がセルビアに宣戦布告をしたのが1914年7月28日で、その2日後にスイスが中立国でありながら金兌換を停止した。

これにドイツ、ベルギー、フランスなどが続き、英国も8月4日に金本位制から脱した。8月に入ると欧州主要国は金の輸出も禁じたことから、金本位制にもとづく国際収支の決済が機能しなくなった。

米国は金の兌換は停止しなかったが、1917年9月に金の輸出を停止して事実上金本位制から脱した。さらに実際には、銀行券の金兌換は行われなかった。日本も金兌換を停止しなかったが、米国が金の輸出を停止した2日後に金貨・金地金の輸出を禁止した。

なお各国は、大戦後の1919年から1920年代にかけて金の輸出を再開した。しかし「暗黒の木曜日」と呼ばれる1929年10月24日に始まったニューヨーク証券取引所の株価暴落と、それが引き起こした世界恐慌で、各国は再び金本位制からの離脱を迫られた。金準備に関係なく通貨を増発して、景気を刺激するためだ。

1931年9月に英国が金本位制を停止すると欧州各国もこれにならい、日本も同年（昭和6年）

12月に金貨・金地金の輸出禁止と金兌換が停止され金本位制から離脱した。ただ兌換停止後も、日銀による「兌換銀行券」の発行は継続された。

これも１９４１年3月に「兌換銀行券条例ノ臨時特例ニ関スル法律」が公布され、「日本銀行ハ兌換銀行券発行高ニ対シ保証トシテ金銀貨、地金銀、政府発行ノ公債証書、大蔵省証券其ノ他確実ナル証券又ハ商業手形ヲ保有スルコトヲ要ス」こととなった。日銀券の保証物件として、国債や信用度の高い有価証券は金銀貨・地金銀と同格となったわけだ。こうして表４－１の「正貨準備発行」と「保証準備発行」の区分もなくなった。

事実上の管理通貨制度への移行だが、この法律は附則の中で、「本法ハ支那事変終了後一年内ニ之ヲ廃止スルモノトス」と定めており、日華事変遂行に向けた戦時経済体制を確立するための金融緩和措置であったことが分かる。ただこの法律そのものは、１９４２年2月に大蔵省による統制色の強い「日本銀行法」が成立したことで、日華事変終了を待たずに廃止された。

時代は下がって１９７１年8月15日に、米国のニクソン大統領はドル紙幣の金兌換の停止を宣言し、「金と交換できるドル」を基軸とした「ブレトン・ウッズ体制」を終結させた。これは米国の相対的な経済力低下が根本原因だったが、ベトナム戦争の戦費として大量のドルが国外に流出したことも大きく影響していた。もはや米国は、国外に流出したドルの金への交換に応えられなくなっていた。ベトナム戦争の戦費は「金ドル兌換」を停止させ、戦後の資本主義世界の経済成長を支えた国際通貨制度を崩壊させた。

先に触れたローマ帝国の度重なる悪鋳も、地中海の覇権を巡って北アフリカの商業都市カルタゴと

表4-1　中央銀行の金保有高と金産出量

中央銀行の金保有量（2023年3月）		増加量：2007年末～23年3月末	金産出高（2022年）	
米国	8,133トン	0トン	中国	375トン
ドイツ	3,355トン	▲62トン	ロシア	325トン
イタリア	2,452トン	0トン	オーストラリア	314トン
フランス	2,437トン	▲167トン	カナダ	173トン
ロシア	2,327トン	1,876トン	米国	173トン
中国	2,068トン	1,468トン	ガーナ	127トン
日本	846トン	90トン	ペルー	126トン
インド	795トン	437トン	インドネシア	125トン
トルコ	572トン	456トン	メキシコ	124トン
ブラジル	130トン	96トン	ウズベキスタン	111トン

出所：ワールド・ゴールド・カウンシル ホームページより作成

争った、3度にわたるポエニ戦争（紀元前3～前2世紀）で財政が逼迫したことが始まりだった。戦争が破壊するのは、形あるものに限らない。

有事の金頼み

２００８年9月、米国の大手投資銀行リーマン・ブラザーズが倒産した。いわゆるリーマン・ショックで、住宅バブル崩壊が引き金を引いた米国史上最大の企業破綻だった。同社は日露戦争時に、欧米の投資銀行が日本の戦時外債に見向きもしない中、社長のユダヤ人ヤコブ・シフが「ロシアではユダヤ人が虐げられているので日本を応援する」と言って、日本の外債を引き受けたクーン・ローブ商会の流れをくむ。このような名門企業であっても、バブルに踊らされた後に呆気なく終焉を迎えた。

この後の中国とロシアの反応が興味深い。両国の中央銀行ではドルやユーロなどの西側主要通貨であってもリスクが高いとの認識が高まり、外貨準備を分散させる意味で金の購入が進められた（表4－1）。

そのロシアは、２０１４年2月のウクライナ領クリミア半島への侵攻で西側諸国と激しく対立した。そうするとロシア連邦中央銀行は、金の購入を加速させている。リーマン・ショック以降クリミア半島侵攻までの2008～13年の5年間に金の保有高は516トン増えたが、2013～18年の5年間では1078トンだ。また中国人民銀行（中央銀行）も、それぞれ同じ時期に金を454トン、1059トン積み増している。

この10年間に金の価格が5割を超えて上昇したことを考えると、金の保有高を積み増した効果は極めて大きい。ちなみにリーマン・ショック以降から2022年まで、G7各国の中央銀行が保有する金の量はほとんど増えていなかった。

金の保有量を増やすことでロシアは米ドル依存を和らげ、有事におけるルーブル防衛の態勢を整えることになった。その同じ姿勢は中国ばかりでなく、ウクライナ侵攻後に対露経済制裁で西側諸国と同一歩調をとらなかったインドやトルコ、ブラジルにも見られた。

2022年2月にロシアがウクライナに侵攻した時点で、ロシア連邦中央銀行が保有する金の8割はリーマン・ショック以降に積み増したものだ。侵攻直後に西側諸国は対露経済制裁を発動したが、中央銀行が保有する金はそれに対するルーブルの耐性を高めた。

3　戦費の資金繰り

当座凌ぎのあれこれ

戦費の資金繰りは大きな問題だ。債券発行で戦費を調達するとしても手続きや準備に時間がかかる。債券を印刷しなければならないし、引き受ける金融機関との調整も欠かせない。さらに民主主義の下では、政府が借入れを行うには議会の承認が必須となる。戦時であれば、さすがに議会も政府に協力するだろうが、手続きは踏む必要がある。しかし敵はそのような手続きが終わるのを待ってくれない。資金繰りを待ってくれないのは敵だけではない。

近代の戦争で、戊辰戦争の時の新政府軍ほど資金に困窮した軍隊もなかっただろう。各藩は自弁で兵力を新政府軍に提供していたが、手当の支給や軍需品の購入は新政府の負担となった。しかし朝廷は各行事、下賜物、寺社祈禱料などの経常支出を賄う以上の収入源を持ち合わせていなかった。

旧暦の明治元（慶応4）年1月3日に始まる鳥羽・伏見の戦いの前、現在は同志社大学となっている薩摩藩邸の北側に隣接する相国寺に薩摩軍が駐屯していた。ところが十分な手当の支給もなく、年末年始を控えて兵士の不満は募る一方だった。そこで大久保利通は大晦日になって三井組に献金を依頼した。

依頼を受けた三井は両替商仲間から現金を用立て、年明け早々の1月2日に相国寺まで届けている。三井両替店は現在の烏丸三条から南西方向、新町通六角を下がったところにあった。町家に溶け込むように外装をしつらえた三井住友銀行の施設前には「三井両替店旧址」の碑がある。この現金輸送の警備を指揮したのは大山弥助、日露戦争で満州軍総司令官となる大山巌だった。現場の兵士たちも、維新の大義だけでは新年を迎えられない。

米国独立前の北米大陸では、英国とフランスが植民地の領域を巡って争っていた。しかしフランスはルイ14世の治世に財政が悪化しており、植民地駐留軍兵士の給料である銀貨の送金ができなくなっていた。そこで１６８５年に現地の司令官は、４分の１に切ったトランプ札に金額と署名を記入して兵士に渡した。

この署名入りトランプ札は、北米のフランス植民地で通貨として流通した。司令官としても銀貨が送られてくるまでの一時的な措置のつもりであったろうが、フランス本国の資金繰りの苦しさはなかなか収まらなかった。結局トランプを使った代用通貨の発行は1701年まで16年も続き、1757年まで流通した。

日本でのこれに近い例が、西南戦争での西郷軍による通用期間3カ年の軍務所札、俗にいう「西郷札」の発行である。西郷軍は政府軍に比べて兵力が半分、小銃は4分の1でしかも旧式銃や火縄銃が主体であったところ、戦費に至っては40分の1に過ぎなかった。

軍資金の欠乏に直面した西郷軍は桐野利秋の発案で、自前の通貨を発行して食料などの購入資金に充てようと考えた。しかし西郷軍が田原坂で敗北し、政府軍が熊本城を解放した後に発行されたこともあり、民衆の間では当初から不人気だった。

それでも西郷軍は支配地域では流通を強制したが、西郷軍が敗走を重ねて鹿児島に退却する段になると、西郷札はほぼ無価値となった。戦後に西郷札を受け取った者が明治政府に対して損害賠償を求めたが、これは却下されている。

なお裏面に「此札ヲ贋造スル者ハ急度軍律ニ処スル者也」と偽造を戒めている辺りは、急ごしらえの物とはいえ、太古からの通貨としての性を感じさせる。

以上は献金や代用通貨による当座凌ぎだが、通貨金融制度が整備されると、それなりの方法が採られるようになる。

日清戦争や日露戦争では戦費の大半を公債で賄ったが、この代金が国庫に入ってくるまでには時間がかかる。もちろん初めのうちは国庫内の余裕資金でやり繰りするが、戦費そのものが一般会計の数倍の規模なので、国庫金の余裕はすぐに底をつく。

そうなると政府が頼ったのが日銀からの借入れだ。特に日露戦争では、開戦当初の軍事行動は日銀からの借入れが支えていた。

開戦直前に滑り込みでイタリアから調達した装甲巡洋艦「春日」「日進」の購入代金は、日銀が代理店である横浜正金銀行ロンドン支店を通じてイングランド銀行に保管していた英ポンドを、大蔵省が借りて支払っている。極東の小国の通貨・日本円はまだそこまでの信用はなく、欧米列強の通貨が必要だった。この日銀がイングランド銀行に預けていた英ポンドは、日清戦争の賠償金を日銀の正貨準備としたのが始まりで、清国はその支払いのためにロシアも含めた欧州各国から借入れを行った。

そして開戦劈頭の旅順港奇襲攻撃、1904年2月の仁川沖海戦や3度にわたる旅順口閉塞作戦、5月の鴨緑江会戦や乃木希典が司令官となる第3軍の編成などは、日銀からの借入れが資金的に支えていた。公債による収入が戦費支払いの半分を超えるようになるのは、開戦から5カ月を経過した1904年7月のことである。

戦争とインフレ

ところで近代に入って通貨金融制度が整い、大規模な戦争を資金面で支えられるようになると、その副作用として戦時インフレが昂進する。戦時には民需と軍需が併存するが、近代の戦争における軍需は国民経済を揺るがすほどの規模となり、否が応でもインフレを引き起こす。

単純なインフレ対策は価格統制だ。しかしこれはその裏で闇市場・闇価格の発生を助長する。例えば太平洋戦争中の東京での白米の闇価格は、１９４３年10月で公定価格の4～6倍であったものが、１９４４年7月には14～36倍、そして１９４５年6月には80～１００倍に跳ね上がっている。

そこでケインズは、インフレ対策も兼ねた戦費調達策として「封鎖預金」を提唱した。低所得者の可処分所得の一定割合を預金として預かったうえで、封鎖預金として戦争終了まで引き出しを制限する。こうすることで戦時の需要増加を抑えることができる。さらに戦時課税のように所得がそのまま政府によって吸い上げられるものではなく、預金の形で資産が手元に残る。ただしその預金は、自由に引き出すことはできない。

もちろん封鎖預金は国庫を経由して戦費に充当される。

これはケインズ自身が言っているように、「国債の別の名称にほかならない」（ジョン・メイナード・ケインズ「戦費調達論」）。

では国債と何が違うかといえば、国債は市場での売買が可能だ。低所得者が国債購入の割当てを受けても、市場で国債を売却すれば高所得者が購入する。一般に低所得者は高所得者に比べて消費性向が高いので、需要の抑制効果は薄れてしまう。預金の割当てであれば、そのようなことはない。

言い換えると封鎖預金は「欲しがりません勝つまでは」の環境整備で、政府主導で「欲しがらない」ように導くものだ。勝った後には預金の封鎖が解除されるので、庶民はそれを使って「欲しがる」ことができる。

ただし戦時経済には金融緩和に加えて、インフレを引き起こす構造的な要因が存在する。戦時に軍需生産が拡大すると、とにかく労働者が必要となるので熟練工の賃金に比べて非熟練工のそれが相対的に大きく上昇する。生産性の低い非熟練工の賃金上昇はインフレの要因となる。これは昭和30年代に高須賀義博が唱えた生産性格差インフレ論に通じる。

また戦時統制経済下で軍需品生産が進むと、民生品生産との間の不均衡が調整されず、民生品の相対的な価格上昇を引き起こす。

その一方で、戦時のインフレを経済力育成策として用いることも可能だ。

戦時に民需品生産を軍需転換させるには、緩やかなインフレが進行中の方が好ましい。一般に名目賃金、つまり賃金の額面金額は硬直的だ。インフレが進んでいる時には、物価の上昇が名目賃金の上昇に先行する。インフレ時の賃上げ要求には合理性がある。

インフレ進行中には、一時的とはいえ人件費の支出が相対的に下がるので、一般に企業の利潤が増加して企業に投資余力が出る。しかしこの間、庶民の収入は物価上昇に追い付かず「欲しがる」ことはできない。

また戦時インフレが緩やかなものである限り、軍需生産が拡大しても、名目金利からインフレ率を引いた実質金利の上昇が抑えられる。このため民生品生産への負の影響を緩和することも期待できる。

もちろんこれには、民生品生産に回すだけの資源や原材料があることが前提となる。実際に第二次世界大戦のような総力戦では、ほとんどの参戦国で民生品の生産に資源・原材料を回す余裕はなかった。それができたのは米国ぐらいのものだった。

ウクライナ侵攻と暗号資産

2022年2月24日にロシアの侵攻を受けたウクライナに対して、世界各国から有形無形の支援が集まった。その中でも特徴の1つとして挙げられるのが、暗号資産（仮想通貨）を使った支援だ。

暗号資産とはインターネット上で取引ができる通貨で、代表的なものにビットコインがある。電子情報として記録され、ドルや円などの法定通貨と交換でき、銀行など金融機関を介さず送金することも可能である。ウクライナ政府は公式ツイッター（現・X）で暗号資産による寄付を呼びかけたことも手伝い、その利用が拡大してた。ウクライナは寄付を受けた暗号資産で、食料や防弾チョッキ、暗視装置、無線機、医薬品、民生用無人機などの市販軍需品を購入した。

暗号資産を使う利点は、大きく以下の2点がある。まず現金を持ち歩かずに済む。戦時では現金は掠奪・盗難の危険がある。しかし暗号資産はデータとして保管・記録されているので、クラウド上に置けば掠奪・盗難の心配はない。

この掠奪・盗難には、軍による接収を含む。戦時に敵の占領を受けると、官公庁や報道機関と並んで中央銀行や金融機関も占領軍に接収される。第二次世界大戦終結直前に「日ソ中立条約」を無視して満州に侵攻してきたソ連軍は、満州中央銀行などを接収すると「銀行内部を完全に空洞化するまでに、すべての財物を残らず持ち去り本国に運び去った」（満州中央銀行史研究会編『満州中央銀行史』）。

ウクライナへの侵攻ではロシア軍は苦戦したが、彼らが首都キーウの陥落に成功していればウクライナ国立銀行（中央銀行）や民間銀行を接収しただろう。実際にロシア軍が占領した地域では、目ぼしい家財や電化製品などはロシア兵が持ち去っている。

しかしそうなっても、暗号資産を使った取引は金融機関を通さないために可能である。

もう1つの利点は、携帯電話がつながる環境であれば金融取引ができることだ。銀行の場合には、データセンターやそれに接続する通信網が攻撃を受けると機能が停止する。

1984年11月に東京・世田谷で起こった電話局ケーブル火災では、携帯電話がなかった時代でもあり、一帯の電話・データ送信が不通となった。そこにデータセンターを置いていた三菱銀行（現・三菱UFJ銀行）では全国本支店・出張所のオンラインが停止し、全面復旧に4日を要している。戦争による物理的な被害はケーブル火災の比ではない。

これに比べると携帯電話の基地局は桁違いに数が多い上に、最寄りの基地局が破壊されても、稼働している基地局の近くまで移動すれば通信は復活する。銀行のような集中管理システムと異なり、暗号資産の管理運営は分散されているので、その取引は物理的な攻撃に対して耐性がある。

暗号資産の管理運営には膨大な量の電力を必要とするが、元々原子力発電比率の高いウクライナは電力価格が安く、暗号資産を活用するのに有利な立場にあった。

ウクライナはロシアの侵攻以前から暗号資産の普及率が世界第4位で、戦時でも暗号資産が活用される下地が整っていた。この他にウクライナでは経済不振から銀行の破綻が続いたことから、庶民の間に銀行預金に対する不信感が広がっていたことも、暗号資産普及の背中を押していた。

欠点としては、価格が不安定なことがある。暗号資産の歴史はまだ浅く、通貨としての「市民権」を十分得ていないことが大きな原因だ。

そして味方にとって便利ということは、敵にも同じ効用がある。報道によれば、ウクライナ国内で活動する親露派工作員に対するロシアからの資金提供が暗号資産でも行われた。なお暗号資産もハッキングされて盗まれる危険はある。特に異なる暗号資産間を繋ぐブリッジと呼ばれるところでの脆弱性が指摘されている。

２０１９年に国連安全保障理事会に提出された報告書によると、北朝鮮はサイバー攻撃によって銀行や仮想通貨取引所をハッキングして20億ドルを盗み取っているとされる。また２０２３年４月７日に開催された日米韓３カ国による北朝鮮問題担当者会談では、共同声明の中で北朝鮮が２０２２年だけでも17億ドルの暗号資産を盗んだとしている。こうして入手した資金は、核・ミサイル開発に充てられている。

４｜「東洋のロンドン構想」

近代の戦争と国際金融都市

オードリー・ヘプバーン主演映画「パリの恋人」（１９５７年）の冒頭で、パリとの比較にロンドン、ニューヨーク、東京の３都市が挙げられている。

その前年の7月に刊行された『年次経済報告（経済白書）』には、「もはや『戦後』ではない」と記されてはいた。それでも第二次世界大戦の空襲で徹底的に破壊された東京が、わずか10年ばかりで戦禍を免れたウィーンやジュネーブを押しのけ、しかも洋画のなかで世界を代表する大都市に取り上げられていることはちょっとした驚きだ。

その東京では現在、国際金融都市を目指した取り組みが進められている。今から100年前にも同じような動きがあった。第一次世界大戦による空前の好景気と、それに伴う正貨の大量流入がそのきっかけだった。

戦争によって通貨金融の制度や仕組みが大きく変わったり、場合によっては破壊されたりすることもある。第一次世界大戦末期に現れた「東洋のロンドン構想」は、戦争が招いた変化に乗ろうとする試みだった。

近代に入ってから国際金融都市として君臨したのはロンドンだった。17世紀後半には3次にわたる英蘭戦争でオランダの国力が疲弊し、毛織物工業の勃興で貿易黒字を拡大しつつあった英国に経済覇権が移行した。18世紀半ばには産業革命を通じて英国の経済優位が確固たるものになり、19世紀に入るとアムステルダムに代わってロンドンが金融センターとして台頭した。

産業革命の広がりとともに欧州各国の貿易量が急速に増大したが、その決済の多くは各国政府、銀行、商社が預金を置いているロンドンに宛てた手形で行われた。ドイツからフランスに向けた輸出も、決済はロンドンの銀行間で行われるといった感じだ。

その後、米独の工業化進展で英国の優位は揺らぎ、1870年代以降には貿易収支は赤字となるが、海外投資がもたらす収益（利子、配当など）や貿易関連のサービス収入（運賃、保険料、代理店手数料など）が貿易赤字を上回る。国際金融拠点としてのロンドンの地位は、むしろ強固なものとなった。

19世紀終盤から経済大国として台頭した米国は、第一次世界大戦が始まる頃（1913年）には輸出額が英国とほぼ拮抗し、GNPでは2・3倍となった。しかし米国の輸入信用の95％はロンドンに依存しており、ドルは国際取引にほとんど用いられなかった。また各国の準備通貨として保有されていたのも英ポンド（約50％）、仏フラン（約30％）、独マルク（約15％）、蘭ギルダーなどの欧州通貨だった。

ところが第一次世界大戦の勃発はロンドンへの外国為替集中や金現送を中断・混乱させ、ニューヨークでその代替機能を果たす準備が整えられた。それに併せて、戦時に入ってからの英国による対米輸入増はドル高・ポンド安を引き起こし、ポンドにリンクしていた通貨国（日本も含む）から米国への金流入を促した。

日本の貿易収支は、日露戦争後から第一次世界大戦に至るまで赤字基調であった。しかし大戦勃発直後から欧米各国向け、そして欧米からの輸出が途絶えたアジア向け代替輸出が大きく増加して大幅な貿易収支を記録した。

輸出入を合わせた対米貿易額も、大戦前（1913年）で既に対英貿易額の約2倍に達していたのが終戦時（1918年）には6倍近くとなった。これに合わせるように、円の為替相場も対ポンド基軸が対ドル基軸に変わっていった。

井上準之助の考え方

こうしたことを背景に、横浜正金銀行の頭取だった井上準之助は第一次世界大戦末期の1918（大正7）年6月に行った講演で「東洋のロンドン構想」を述べている。その中で彼は金融拠点都市となる条件に、金の自由市場があること、資金決済・調達が行えること、対外投資の余力があること、

表4-2　第一次世界大戦の主要参戦国の中央銀行・政府保有金準備残高

単位：百万ドル

	日	英	米	仏	伊	露	独	墺
1913年	65	165	1,290	679	267	786	279	251
1914年	64	426	1,207	803	271	803	499	214
1915年	68	389	1,707	968	264	831	582	139
1916年	113	396	2,202	653	224	759	600	59
1917年	230	417	2,523	640	208	667	573	54
1918年	226	521	2,658	664	203	n.a.	539	53
1919年	350	578	2,518	695	200	n.a.	260	45
1920年	557	754	2,451	686	206	n.a.	260	n.a.

注：残高は各年末時点の値を示す、在外保有分は含まない

出所：The Board of Governors of the Federal Reserve System（1943）, *Banking and Monetary Statistics, 1914-1941* , Washington D.C.: Federal Reserve System より作成

貿易が殷盛であることの4点を挙げている。そして井上の見立てでは、第一次世界大戦の好況もあって日本はこれらをほぼ満たしていた。

金の準備高では、大戦勃発後の貿易黒字が大きく貢献していた。表4－2に示すように、第一次世界大戦を通じて日本の金準備高は急増し、井上が「東洋のロンドン構想」を述べた1年半後（1920年）には、英仏両国に匹敵する金額に達した。

表の値には在外保有分を含まないが、日本の場合は在外正貨も含めると1920年の金準備高は10・9億ドルとなり、在外保有分を含めた値ではフランス（10・8億ドル）、英国（7・6億ドル）を凌いで世界第2位の金準備保有国（米国は在外保有なし）となった。

むしろ井上が考える日本の課題は、貿易為替の集中にあった。第一次世界大戦を契機に、「日本（綿花輸入代金）→インド（砂糖輸入代金）→南洋・インドネシア（輸入代金、南洋華僑の本国送金）→中国（繊維製品輸入代金）→日本」という国際的な資金循環が形成されつ

つあった。この機をうまく捉えると、東アジアから東南アジア・南アジアに至る日本が関係する為替決済を、日本で一元的に行うことが視野に入ってくる。

ところが当時の日本では、普通銀行が信用状を発行する習慣がなかった。このため横浜正金銀行がほぼ独占的に信用状を発行して輸入金融を組んでいた。しかし正金は輸入業者との貿易以外の取引が薄く、その信用度を必ずしも正確に把握していない。従って日本の貿易金融は非効率で金利も高く、日本の貿易業者であっても日本を避けてロンドンで貿易金融を組むのを好んだ。また当時の貿易金融はポンド建てのため、為替変動のリスクは日本の貿易業者が負担していた。

なお井上は講演の中で海上保険についても触れ、この分野では日本はロンドンには遠く及ばないと指摘している。

東京は如何に

「東洋のロンドン構想」はいうなれば「円為替圏構想」だった。しかし「東洋のロンドン構想」の前には、上海が立ちはだかっていた。上海は第一次世界大戦以前からアジア最大の外国為替市場だった。また朝鮮半島から関東州・満州へと円系通貨（朝鮮銀行券：金兌換）が広まる中で、銀通貨が流通する中国本土との間の金銀間為替取引・鞘取りは上海を中心として行われていた。

外国銀行進出の点でも、上海と日本では大きな差があった。上海では19世紀から欧米系（英、米、独、仏、露、ベルギーなど）、日系の外国銀行が直接、または現地資本との合弁で進出していた。これら外国銀行は貿易金融、設備資金供給、清国政府への借款供与、地場金融機関である銭荘への貸付けなどを通じて、上海の金融市場を支配していた。

19世紀末には銀価が大きく下落したが、このことで金本位制を採っていた欧米諸国は安い費用で対中進出が可能となった。さらに辛亥革命直後の上海では、軍閥が外資導入を狙って外国銀行を誘致した。

他方の日本では1911年の外国為替取引の55%は外国銀行が占めていたものの、その約9割（49%）は香港上海銀行、チャータード銀行（ともに英系）、インターナショナル銀行（米系）が占める3行鼎占状態で、外国銀行進出の裾野の広がりが決定的に欠けていた。日本の銀行行政は、正金に続く財閥系民間銀行（三井、住友、三菱）の外国為替取扱育成には成果を上げたが、広く外国銀行を誘致するには至っていない。結果として、1915年から翌年にかけて日本は対外決済地をロンドンからニューヨークへ移動させるが、それを日本に引き寄せることはできなかった。

これと対照的なのが、1980年代のサッチャー政権下で行われた徹底した金融緩和・ビッグバンだ。ロンドン・シティを世界の金融拠点として発展させるのが目的で、英国の金融機関が外国資本により買収・淘汰されるのを厭わなかった。場所だけを提供して外国勢が活躍する様を捉えて「ウィンブルドン現象」と揶揄もされたが、ロンドンは金融拠点として不動の地位を築くのに成功した。

果たして戦争が招いた「東洋のロンドン構想」実現の好機を阻んだのは上海の存在か、それとも後世の護送船団方式の嚆矢ともいえる自国資本の保護育成優先策だったか。それ以前に問われるべきは、過度ともいえる危険回避・横並び志向、あまりにも時間がかかる意思決定や異端・偶然に非寛容な日本の社会風土かもしれない。

ところで数年前に家族でシンガポールを旅した時、地下鉄車内で立っている老いた筆者の母親を見た若い乗客数名が、競うように座席を譲ることがあった。それも1度や2度ではない。たまたまそういう場に出くわしたのか分からないが、国際金融都市シンガポールの強さの源泉を垣間見た気がした。

第5章 金庫から打ち出の小槌まで

戦争の銀行論

「一世紀に亘る経済的進歩並びに相対的安定の結果、現代の信用的条件はすばらしい発展を示した。それ故各国政府は、ナポレオン戦争当時にあって消費能力の最大限と看做されてゐた戦費を数倍に増額し消費することが出来るやうになった」（パウル・アインチッヒ『戦争の経済的研究』）。

現在は『フィナンシャル・タイムズ』となっている経済紙『フィナンシャル・ニューズ』のエコノミストだったポール・アインチヒは、第一次世界大戦の戦費が未曽有の規模となった原因について経済面からこのように述べた。ここでの「信用的条件」は銀行制度とほぼ同義である。確かに近代総力戦においてはそうだが、銀行と戦争の関わり自体はその１０００年近く前にさかのぼることができる。

１　戦争と銀行

出納・為替と貸付け

「銀行」と聞くと多くの人は、まずは金庫があってそこには潤沢に金銀・現金や有価証券が眠っている様を思い浮かべるだろう。確かに財貨や公金の保管・出納業務は銀行の原型だった。また近世までの銀行は、その他に為替送金・徴税請負・両替などを業務の中心としていた。

ところで戦争となると軍が動き、軍が動くとカネが動く。給料支払いや食料・弾薬などの調達が必要となり、支払う場所も戦線の移動に合わせて変わる。この戦費の保管と出納の負担は馬鹿にならない。

また戦費の送金も大きな問題だ。本国で集めた戦費を現地に送る際、仰々しく現金輸送を仕立てると西部劇のように掠奪の標的となる。なお一般に西部劇に描かれる時代は南北戦争（１８６１～65年）後で、日本では幕末・明治維新の頃に当たる。

戦費の保管・出納や送金に銀行が関わると、軍の事務負担は大幅に軽減される。例えば送金では銀行を通じた為替取引に頼ると、現金輸送を抑えて掠奪の被害も回避できる。為替とは現金輸送を行わない送金手続きのことだ。

英国からフランスへ戦費を送金するような場合、銀行は逆方向（フランスから英国へ）も含めて多くの送金依頼を受け付けている。それらをまとめて双方向の送金を相殺すると、英仏間の現金移動は差額分だけで済む。さらにこの差額を英国とフランスにある銀行間の貸し借りにしてしまえば、現金を移動させる必要もなくなる。

現金の保管・出納や為替と並ぶ銀行の主な機能が貸付けだ。銀行が貸付けを行う際、顧客A社に現金を渡したりはしない。銀行はA社の口座に「○○円」と記録するだけで、A社は必要な時に現金を引き出すか送金を行うことができる。

この「○○円」という記録はA社が使える資金であって、財布の中にある現金に等しい。言い換えると、銀行が貸付けを行うと裏で通貨が創り出されている。これは現金（紙幣や硬貨）とは異なる通貨で預金通貨という。銀行は金庫の他に、打ち出の小槌の役割も果たしている。

では戦争で戦費が必要となる場合には、政府や軍は銀行から戦費を借り入れてはどうか。

現金の保管・出納・送金では、銀行にしてみると「顧客のカネが手元にある」。しかし貸付けでは「銀行のカネを顧客に渡す」のでリスクが生じる。まして戦争をしている政府や軍が相手であれば、負けると貸し付けたカネが回収できなくなる。

勝った場合でも安心はできない。日露戦争では日本は賠償金を取れなかったし、第一次世界大戦に連合国として参戦したイタリアは戦後に極度の不況に陥り、国民は「本当に戦争に勝ったのか」と自問した。これがムッソリーニ率いるファシスト台頭の遠因となる。要するに、戦争にまつわる貸付けは信用リスクが極めて高い。

このような信用リスクを、民間企業が抱えるには無理がある。18世紀にオーストリア継承戦争（1740～48年）や七年戦争（1756～63年）などで財政危機に直面したフランスでは、数度にわたって債務返済免除や金利引き下げ、返済期限の延長などが行われた。このようなこともあり、19世紀に欧州全域におよぶ投資銀行業務で大きな成功を収めていたロスチャイルド商会は、1837年にべルギーの鉄道借款を引き受けた際、戦争勃発時には資金提供を中止することを条件とした。

結局、戦争をしている政府自身がリスクを負わざるを得ない。逆にいうと、政府がリスクを負うのであれば、銀行は戦費を貸し出すこともできる。こうしたことから、戦争に臨んで新しく設立された銀行もある。

国債発行と銀行

日本で戦費調達を目的に国債が発行されたのは、日清戦争が初めてだった。国債発行による戦費調達額は１億１６８１万円。国債発行のうち８５０万円は日銀応募、２５００万円は郵便貯金が主な原資である預金部（後年の資金運用部）が引き受け、４１０万円は従軍兵に対する一時賜金、いわば慰労金として現物交付されたものだった。したがって戦費用の国債が純粋に民間から吸収した資金は７９２１万円となる。それでも明治27（１８９４）年度の一般会計歳出は７８１３万円なので、当時の政府にとっては大金だった。

そこで政府は民間銀行の協力を仰ぐことになった。渡辺国武蔵相は、第一国立銀行・第三国立銀行・第十五国立銀行の幹部を呼んで、国債消化への支援を要請した。当時の第一国立銀行の頭取は渋沢栄一である。第一国立銀行は第一銀行から第一勧業銀行を経て、第三国立銀行は第三銀行から安田銀行、富士銀行を経て、ともに２００２年４月にみずほ銀行となった。第十五国立銀行は現在の三井住友銀行だ。

ところで意外なことに、当時としては未曽有の規模となった日清戦争の国債発行は順調に消化された。日銀西部支店長として下関にいた高橋是清が、「地方民は国家のためだといって払込みの用意もなく、ただ銀行から借りるものを引当として応募する有様であった」ことを紹介している（高橋是清『高橋是清自伝』）。

銀行からお金を借りて国債を購入する、これは経済学的にはどういうことを意味するか。

銀行の預金も国債の購入資金も、その源泉は経済活動が生んだ付加価値だ。この付加価値を国全体で合計したものが国内総生産（ＧＤＰ）である。この一部は労働の対価として労働者に支払われる。労働者は生活のために消費をするが、残った分は将来の消費に充てるべくとっておく。これは銀行に預けられることが多いだろうが、現金のままタンスの引き出しの中にしまわれることもある（タンス預金）。

銀行からお金を借りるということは、他の誰かが預けた「付加価値」を借りることを意味する。そしてこれで国債を買うと、借りた付加価値を政府に転貸することになる。

銀行に預金した人が、預金をせずに直接国債を買えば話は単純だ。しかし余裕資金が少ないうえに少額のお金の出し入れを頻繁に行う庶民にとって、まとまった額のお金を運用する国債購入はそう簡単ではない。「国家のためだ」と言って銀行からお金を借りて国債を買う正義漢は、このような庶民が預けた付加価値を、彼らに代わって政府に提供していることになる。銀行に払う利息の方が国債の利息よりも高いので、完全に逆ザヤだ。正義漢が負担する金利は、正義の代償といったところだ。

ここで述べている「付加価値」は実質額だ。いうなれば価値であり価格ではない。リンゴでいうと、１個の値段が１００円の時もあれば、同じリンゴが１２０円で売っている時もある。値段が変わっても、同じリンゴである以上「形・大きさや美味しさ」は変わらない。１００円や１２０円は価格であり、形・大きさや美味しさは価値である。

ところで、先に「銀行が貸付けを行うと裏で通貨が創り出されている」と述べた。それでは政府は戦時国債を発行せずに、銀行から借り入れたとすればどうか。その場合も裏で通貨が創られている。しかし銀行が預金者から預かっている「付加価値」の量に変化はない。付加価値の量が変わらないのに通貨を創っているのだから、これは相対的な通貨価値の下落、つまりインフレを引き起こす。

中央銀行による戦時国債引き受けもこれと同じだ。日本では１９３２年11月に、日本国内の鉄道建設や朝鮮のインフラ整備に加えて満州事変の戦費充当のため、全額日銀引き受けの国債を発行した。これを決断したのは、当時の高橋是清蔵相である。

中央銀行引き受けの国債発行は、一時的には景気刺激の効果がある一方で、インフレの種をまくことになる。また生産された付加価値のうち政府の歳入となる分の比率は上がる。この長所と短所の最適組み合わせを為政者は追求するのだが、太平洋戦争末期の日本のように切羽詰まってくると、そんなことは言っていられない。インフレという副作用を顧みることなく、闇雲に日銀引き受けの国債を発行することになる。

戦時国債の処理

銀行が戦争に関わるのは、戦争中に限らない。戦争が終わっても、戦時中に累積した国債の処理や賠償金の支払いなどで銀行の関与が必要となる。

フランスの啓蒙思想家ヴォルテールは、「ルイ十四世が作り上げた国ほど、あらゆる分野で、輝かしい光芒を放ったものは無い」と述べる（ヴォルテール『ルイ十四世の世紀』）。ただし光芒を放つ傍らで、ルイ14世は生涯を通じて戦争に明け暮れた。

そのルイ14世が1715年9月に亡くなると戦争の方は一息つく。しかし戦費の方は残ったままだ。数字を挙げると30億リーブル。当時の歳入が1億4500万リーブルだったので、その20倍を超える累積債務を抱えていた。ちなみに令和4（2022）年度の日本の国債残高は、当初予算で税収の16倍である。日本も国債残高の累増が危ぶまれているが、ルイ14世の置き土産はこれを上回っていた。

フランスはこの戦争で膨らんだ国債の処理を、スコットランド出身の経済思想家で実業家でもあったジョン・ローに委ねた。

まずローは1716年6月に一般銀行という名称の銀行を設立する。これは2年後には王立銀行に改編・改称された。ローが総裁に就任した王立銀行は国民から金銀貨を買い取り、その代金を兌換銀行券で支払った。これは金融緩和・インフレ政策で、戦争で疲弊していた経済活性化のためには真っ当な政策だ。

それと並行して1717年8月、彼は西方会社（別名ミシシッピ会社）を立ち上げた。この会社は当時フランス領だったルイジアナの貿易独占権を有し、さらにそこでの金鉱探索を行うことを目的としていた。同社は1719年5月には東インド会社や中国会社などを吸収合併してインド会社となり、7月には貨幣鋳造権も取得。それと前後して各種税の徴税請負権も獲得した。

インド会社の株価は、貿易独占やルイジアナでの金鉱発見への期待から上昇していた。当時は戦争のたびに発行された国債の市場価格が、額面の3割近くに下落していた。しかしインド会社が増資する際には、その国債を額面価格でインド会社の株式と交換した。市価が低迷していた国債を、額面価格で価格上昇中の株と交換されるとあれば、庶民はもとより貴族もインド会社株の購入に熱を上げるのも無理はない。

王立銀行が銀行券を大量に発行したことから、必然的に投機が投機を呼ぶ状態が生じた。額面５００リーブルの同社株は、１７１９年7月には１０００リーブル、9月には５０００リーブルとなり、12月には1万リーブルを超えた。さらに王立銀行は、１７１９年の大晦日からインド会社株の購入資金を低利無担保で融資し始めた。これにつられて不動産価格も急騰する。まさにバブルだ。ローも翌年1月には財務総監に就任する。

ここから先は、インド会社に集まった国債を国が少しずつ償還すればいい。庶民にとっても、市価が低迷していた国債を「有望株（インド会社株）」に換えることができた。

しかし１７２０年に入ると、それまで一本調子で上がり続けていたインド会社株の株価が９０００リーブル前後で停滞する。いくら各種の特権が与えられたとはいえ、株価が高過ぎることに人々も気づき始めた。２月には王立銀行とインド会社が統合され、株価を買い支えるための通貨供給が急増した。これはインド会社の存続自体が危うくなってきたことを意味する。

転機は5月後半に訪れる。株価は一気に４１００リーブルへと急落し、呆気なくバブルが弾けた。その月にはローも財務総監の座を追われる。王立銀行券の対正貨（金銀貨）の相場も徐々に低下し、10月にはインド会社の各種特権が剝奪された。その2カ月後にはインド会社の銀行勘定が廃止となり、同銀行券の対正貨相場は10分の１となった。額面１００リーブルの銀行券は、10リーブルの金銀貨と同価値との評価だ。

責任を問われたローも12月に暴漢に襲われ、その後ベルギーに逃亡する。

この間、フランス国債は王立銀行券やインド会社株と交換されながら所有者を変えたが、1721年1月の時点で国債残高は31億リーブルで、当初からほとんど変わっていない。ただローが王立銀行の前身である一般銀行を設立してからは、バブルに伴うインフレで物価上昇率は6割を超えた。つまり国債の実質残高は大きく減少している。

発券銀行が戦時国債の処理で力を発揮したのは、通貨の過剰発行によるインフレだった。戦争で累積した国債の処理問題がインフレで雲散霧消したのは、太平洋戦争後の日本だけではない。ただその代償として、国債を売却して王立銀行券やインド会社株を手に入れた庶民のもとには、大幅な値下がり損が残った。

―2― 戦争が創った銀行

テンプル騎士団

軍にとって戦費の保管・出納が大きな負担であることは既に述べた通りだが、軍が銀行を運営することもあった。中世では有名なのがテンプル騎士団だが、むしろ「軍が銀行になった」という方が適切かもしれない。

ダン・ブラウンの『ダ・ヴィンチ・コード』では、同騎士団は「イエス・キリストがマグダラのマリアと結婚して、その子孫が存命している」という秘密を守るシオン修道会が設立した武装集団として描かれている。もちろんこれは創作である。

テンプル騎士団は第1回十字軍（１０９６～99年）がエルサレムを占領した後、聖地への巡礼者を保護することを目的に結成され、１１２８年にトロワ教会会議で正式に認可された。彼らは当初、騎士数名が聖地の港からエルサレムまでの巡礼路を守るだけの存在だったが、その後の数十年で何百名もの騎士を抱える騎士団に発展した。

組織が大きくなると、欧州各地で農場を経営していた騎士団支部からの上納金や、聖地で異教徒と戦うという騎士団の趣旨への賛同者からの財貨・土地の寄進が相次いだ。

さらに騎士団は欧州で、ローマ教皇や国王などから徴税を請け負った。徴税を請負人に委ねると、国王らは手間のかかる徴税から解放されるだけでなく、徴税請負人が税の納付を立て替えるので即金で収入を得ることができる。徴税請負人の方は時間をかけて税を集めるが、往々にして納付額と徴税額の間には開きがあった。これは請負人の懐に入る。

ちなみに平安時代の日本でも、地方に派遣された行政官である受領（ずりょう）は徴税権を有しており、中央政府への租税上納と徴税の差額を自分の収入としていた。ただし受領は寺社勢力と直接的な関係はない。

聖地巡礼に関わっていたことから、騎士団は海運業にも進出する。こうして築かれた莫大な財力と欧州各地と聖地を結ぶ連絡網は、テンプル騎士団が銀行業を営む素地となった。

そもそも当時は、火災や盗難を恐れて現金や貴金属を教会や修道院に預ける風習があった。これは宗教施設の不可侵性が認められていたうえに、建物も堅牢な石造りであったためだ。テンプル騎士団は「キリストの貧しき騎士にして、エルサレムなるテンプル騎士修道会」の正式名称が示す通り、ローマ教皇に直属する修道会だったことから現金や貴金属の預入れを受けていた。これは現在の銀行が提供する貸金庫に当たる。

欧州に住む巡礼者は近くの騎士団支部に金銭を預けて預かり証を発行してもらい、聖地では預かり証と交換に金銭を受け取った。いわば預金の引き出しだが、預かり証を他人に渡せば為替送金となる。いずれの場合も現金を聖地まで運んでいく手間や危険を回避することができる。また通用する通貨が異なる地域間での現金受け払いが生じることから両替も行った。

テンプル騎士団の本部はエルサレムにあったが、金融業務では騎士団のパリ支部やロンドン支部などが中心的な役割を果たした。フランス革命で王権を停止されたルイ16世やマリー・アントワネットが幽閉されたタンプル(英語読みでテンプル)塔は、かつての騎士団パリ支部だった。ロンドンでは、テンプル教会を中心とするテムズ川河畔の「テンプル」を冠する地名や地下鉄駅名が往時をしのばせる。

イングランドのジョン王は、フランスとの戦争で囚われた家臣の保釈金を、テンプル騎士団を通じた為替送金で払っている。1259年にはフランス王ルイ9世からイングランド王ヘンリー3世への賠償金も、同騎士団を通した為替で送金された。この他にもテンプル騎士団は、王位継承権放棄の補償金、国王が諸侯に支払う年金、王妃が嫁ぐ時の持参金などの為替送金も請け負った。

送金する現金が不足する場合は騎士団が立て替えることもあったが、これは融資である。もちろん立替え以外の貸付けも行った。第2回十字軍(1147~49年)では、ルイ7世が率いるフランス軍は続く敗戦とゲリラに悩まされ、食料・軍需品・資金が底をついたところをテンプル騎士団からの融資で窮地を切り抜けた。また諸侯との争いの最中にあったイングランド王のジョンは、1215年に戦費をテンプル騎士団から借り入れた。

中世カトリックの教義では、信徒間で利息徴求は禁止されている。テンプル騎士団も修道会であり、これに背くことは許されない。しかし実際には「手間賃」や「経費」という名目で、事実上の利子を取っていた。宗教騎士団であっても世俗的な経済合理性が宗教の教義に優越する。

第4回十字軍（1202～04年）がコンスタンティノープルに建てたラテン帝国の最後の皇帝ボードゥアン2世は、騎士団からの借入れの担保としてキリストの磔刑に使われたとされる聖十字架の破片を差し出した。聖遺物が借金のカタとなったわけで、こうなると聖も俗もあったものではない。

資金力を蓄えたテンプル騎士団は、王族や諸侯の金庫を預かるようになり、第5回十字軍（1217～21年）の財務管理も担当した。しかしこの資金力が騎士団の仇となった。テンプル騎士団からの借入れが累増していたフランスでは、国王フィリップ4世（在位：1285～1314年）が、その壊滅を画策した。借金が返せなくなったので、貸主を消し去ろうということだ。

男色、反キリスト、悪魔崇拝などの異端の罪をでっち上げて起訴し、1307年10月にフィリップ4世は領内のテンプル騎士団員を一斉に逮捕。拷問で「罪」を自白させて処刑した。そして1312年にヴィエンヌ公会議で正式にテンプル騎士団の解散が決定された。西洋でも出る杭は打たれる。ただし現在のローマ教皇庁は、公会議での決定は冤罪だったことを認めている。

比叡山延暦寺

この頃は日本でも、宗教武装集団が世俗権力を脅かすほどの軍事力と経済力を持つようになった。興福寺や東大寺、紀州の根来寺などが有力な僧兵を抱えていた。中でも比叡山延暦寺は、藤原氏を抑えて絶対的な政治権力を掌握した白河法皇（天皇在位：1073～87年）をして、「賀茂河の水、雙六の賽、山法師（引用者注：比叡山の僧兵）、是ぞわが心にかなはぬもの」（『平家物語』）と言わしめたことで知られている。

延暦寺が285カ所に上る荘園を持ち、巨額の寄進も受けていた点で、テンプル騎士団と共通する。さらに畿内への運送業を押さえ、主要交通路であった琵琶湖の周辺に関所を多く設けて通行料を徴収した。このようにして集められた財産の保護や荘園の警備が僧兵の起源だ。

比叡山を琵琶湖側へ半分ほど下ったところに、上部に山型の束が付いた合掌鳥居が特徴の日吉大社がある。秋の紅葉が見事な、『古事記』にも「近つ淡海（あふみ）（引用者注：琵琶湖を指す）の国の日枝の山」として出てくる由緒ある神社で、延暦寺は創建時よりこれを護法神としていた。

その後、神仏習合の山王神道など教義の面でも両者は結び付きを強め一体化が進む。そして荘園収入や寄進で延暦寺に集まった米や種もみを、日吉大社が農民に貸し出すようになった。建武の新政（1333～36年）の頃には、在洛の金融業者335軒のうち延暦寺の支配下にあったものは280軒を数えたという。

寺社による金融業は、借りた側には「返済が滞ると仏罰・神罰」が当たるという恐怖があり、年利

100%を超えるような高利であっても回収は比較的容易だった。時には暴力的な取り立ても行われたようだが、貴族から下層の平民に至るまで利用者は広がっていた。

なお比叡山に限らず、熊野神社や高野山など有力寺社の多くは貸金業を営んでいた。

欧州の宗教騎士団と日本の有力寺社は、ともに「宗教」という傘の下で寄進を受け、農場・荘園を運営し、運輸業に進出、徴税も行っている。これら経済活動を守るために武装集団を抱えるようになり、財貨の蓄積から金融業にも乗り出したという点にも類似性が観察される。

ただし他人の財産を預かったという点で、欧州の宗教騎士団の方には近代的銀行業の萌芽が見られる。騎士団の拠点網は欧州・地中海一円に広がり、他人の財産や現金を預かることで遠隔地間の為替送金を担うこともできる。そもそもロンドンとエルサレムの間は5000km も離れており、多額の現金を持ってこの距離を移動する困難と危険は容易に想像できる。これはそのまま、為替送金の強い需要につながる。

同時期の日本でも替銭屋が現金や荘園の年貢米の為替送金・輸送を行っていたが、武装勢力である僧兵と結び付いたものではない。比叡山でも僧兵と金融業は互いに独立しており、延暦寺の下での別の事業部のような関係だった。

比叡山をはじめとする寺社の権勢も、16世紀半ばには衰えを見せるようになる。応仁の乱（1467〜77年）前後から地方大名の勢力が強くなり、寺社の政治的影響力は地方に及ばなくなった。さらに一向宗などの異端的な諸宗派の勃興で、寺社が保っていた宗教的権威も損なわれていた。

そこへ織田信長による焼き討ち（1571年）で比叡山は完全に破壊された。その後1584年に豊臣秀吉が山門再興を許可し、本堂である根本中堂が江戸幕府3代将軍・徳川家光の命で再建されるのは1642年のこととなるが、あくまでも宗教施設としての復興だった。

イングランド銀行

英国の中央銀行であるイングランド銀行は、そもそも戦費の貸付けを目的とした銀行として設立された。

名誉革命（1688年）を経て議会制民主主義が確立したばかりのイングランドは、神聖ローマ帝国・スペイン・スウェーデン・オランダなどと大同盟を締結して、ルイ14世率いるフランスを相手にファルツ継承戦争（1688〜97年）に突入した。

この戦争中の1693年に初めて国債を発行したイングランドは、その収入で戦費を賄った。これはナポリの銀行家ロレンツォ・トンティが考案した年金制度国債で、彼の名を取って「トンチン年金国債」と呼ばれている。

この国債の利息は国債購入者の全員が死亡するまで支払われる。利息は生存している購入者間で分配されるため、最後まで生存した者は多額の利息収入を得ることになる。元本の償還はなく、購入者全員が死亡した時点で利息の支払いも終了する。

国債発行の翌年、スコットランド出身の商人ウィリアム・パターソンが、イングランドのチャールズ・モンタギュー蔵相に戦費捻出のための銀行設立を提案した。その仕組みは、次のようなものだ。まず銀行設立のために出資者を募集する。応募者は金・現金や国債を資本金として払い込む。そし

図5-1　貸借対照表

資　産	負債・資本
対政府貸付け	銀行券
金・現金／国債（出資分）	資本金

て銀行は集まった資本金と同額を政府に貸し付け、その見返りに貸付額を上限とする銀行券発行権を得る。これを貸借対照表に示すと図５－１のようになる。

銀行券は発行した銀行にとって負債だが、これには期限がない。一般企業や銀行券を発行しない銀行の場合、負債には満期があるので、それを返済するためには政府への貸付けも返済してもらう必要がある。

しかしパターソンが提案した仕組みでは、政府は利息を払っていれば元金を返済しなくてもいい。この話を聞いたモンタギュー蔵相の脳裏には、トンチン年金国債に続く２匹目のドジョウが浮かんだことだろう。こうしてイングランド銀行が生まれた。


イングランド銀行も当初は中央銀行の地位を得ておらず、しばらくは戦争で逼迫した政府への貸付けが主な業務だった。ただ金・現金の保有残高が少なく、資産勘定の約８～９割が対政府貸付けという状態が続いた。

地金を支払準備として兌換銀行券（金との引換券）を発行すると、銀行券保有者は常に兌換を求めるわけではないので、銀行は地金保有額以上の銀行券の発行が可能となる。つまり政府は発券銀行を設立すると、地金を鋳造して硬貨にするよりも多くの貨幣を発行でき、信用が維持されている限り、金融緩和を実行することができる。こうして金を預かっている銀行が打ち出の小槌となる。

イングランド銀行は、戦争のために大陸に駐留していた軍宛ての為替送金も担当した。

イングランド銀行が戦争に関わって果たした大仕事の1つが、1898年に行われた日清戦争の賠償金の受払いだ。清国が賠償金支払いのために発行した外債の代金はイングランド銀行に集められ、そこから小切手3枚に分けて日本に支払われた。そのうちの1枚は金額1100万ポンドで、当時のイングランド銀行にとって開業以来最大額面の小切手だった。

1898年の英国政府の歳入は1億1610万ポンドなので、この小切手1枚の金額はその1割に相当する。これを受け取った日本の財政で見ると、小切手の金額は邦貨換算で1億7000万円となり、明治31（1898）年度の一般会計歳入2億2005万円の半分に匹敵する。またこの金額は、支払った側である清国政府の歳出の約3分の2に相当した。これだけの金額が、小切手1枚でイングランド銀行の口座から口座を渡り歩いた。

なお日本側でこの賠償金の取り扱い実務を担当したのが、日銀代理店の横浜正金銀行ロンドン支店、今日の三菱UFJ銀行である。

第十五国立銀行

日本では明治維新以降、近代的な銀行制度の導入を巡って試行錯誤が続いた。明治5（1872）年11月に公布された「国立銀行条例」では、銀行券は正貨と交換される兌換紙幣である代わりに、資本金の4割を正貨で用意しなければならなかった。なおこの「国立」とは国法・条例にもとづくことを意味しており、同条例でいう「国立銀行」は国営ではなく民営だった。

この厳しい条件では開業した国立銀行が４行に過ぎなかったことから、政府は明治９（１８７６）年８月に「国立銀行条例」を改正して設立基準を緩めた。大きな変更点は銀行券が不換紙幣となり銀行設立時に正貨の準備が不要となったこと、そして資本金の８割は公債でも良いとされたことだ。

このわずか４日後に秩禄処分が断行された。それまで政府は華士族には家禄、維新の功労者には賞典禄を支給しており、明治８（１８７５）年度は一般会計歳出の４分の１を占めるなど財政を圧迫していた。そこで家禄・賞典禄を廃止し、代わりに５～14年間分の家禄・賞典禄支給額に相当する金禄公債を交付した。結果的に31万人の華士族らは利子生活者となった。

ところで金禄公債は、新たに国立銀行を設立する際の資本金に充てることができた。ちょうどこの頃、華士族の取りまとめ役であった岩倉具視は、次官に相当する大蔵大輔・松方正義から金禄公債を資本金とした銀行設立の提案を受けている。秩禄処分から約４カ月後の大晦日に、岩倉は銀行設立願を提出した。

岩倉が新銀行の業務として考えていたのは、収益性の見込める鉄道建設資金の融資だった。しかし鹿児島では、年明け１月辺りから不平士族と政府側の小競り合いが激しくなり、２月15日には西郷軍が鹿児島を出発した。

銀行開業の免状が交付されたのが５月21日で、翌日には資本金１７８３万円のうち１５００万円を政府に貸し付ける契約を締結した（表５－１）。これは西南戦争の戦費の36％に相当するが、開業の５日前に戦費の借入れ契約をしていることが、明治政府の台所事情を物語っている。ともあれこうして開設に至ったのが第十五国立銀行である。

表5-1　西南戦争の年表

年	月日	出来事
明治9年	12月31日	岩倉具視が銀行設立願を提出
明治10年	2月15日	西郷軍が鹿児島を出発
	2月19日	「鹿児島賊徒征討の詔」発布
	2月21日	熊本城攻防戦開始
	3月4〜20日	田原坂の戦い
	4月14日	熊本城の包囲解放
	5月21日	第十五国立銀行に開業免状交付
	5月22日	第十五国立銀行、政府に1,500万円貸付け契約
	5月27日	第十五国立銀行開業
	6月	西郷軍が西郷札を発行
	9月24日	西郷隆盛自刃

熊本城攻防戦や田原坂の戦いで政府軍が勝利を手にしたとはいえ、薩摩軍の抵抗は頑強で、最終的には一般会計歳出の7割に相当した戦費の手当ては喫緊の課題だった。ただ西南戦争の戦費は一般会計とは別会計になっていた。同じ頃に西郷軍も戦費のやり繰りに行き詰まり、6月に西郷札を発行している。

第十五国立銀行の規模は突出しており、資本金はそれまで最も大きかった第一国立銀行の10倍を超えていた。また国立銀行は153行が設立され、資本金の合計額は3773万円だったが、その半分近くを第十五国立銀行で占めていた。このため日本銀行創設時の大蔵卿だった松方正義や経済学者で衆議院議員も務めた田口卯吉などは、後に第十五国立銀行を改編して中央銀行とする案を発表している。

設立時の第十五国立銀行では頭取が元長州藩主の毛利元徳、副頭取が戊辰戦争時に東海道や中山道の大名らに新政府への恭順を説いた元尾張藩主・徳川慶勝、その他役員も元大名が就任しており「華族銀行」の異名を取った。

第十五国立銀行は1897年5月に普通銀行に転換し、

行名も第十五銀行に改まった。太平洋戦争中に戦時体制の一環として実施された金融機関整理統合では、第十五銀行は三井銀行と第一銀行が合併して設立された帝国銀行に吸収された（1944年8月）。戦後の1948（昭和23）年10月に帝国銀行が三井銀行と第一銀行に分離した際には、旧第十五銀行の資産は三井銀行に引き継がれた。その後、三井銀行は1990年4月の太陽神戸銀行との合併、2001年4月の住友銀行との合併を経て三井住友銀行となった。

3 賠償金と銀行

普仏戦争

戦争が終わっても、賠償金の調達や支払いで銀行は戦争の後始末に関わってくる。近代に入ってからの戦争で、敗戦国が巨額の賠償金支払いに苦しんだものに、まず普仏戦争（1870〜71年）が挙げられる。

普仏戦争では、開戦わずか1カ月半でナポレオン・ボナパルトの甥に当たるフランス皇帝ナポレオン3世がプロイセン軍に捕らえられた。怒ったフランス国民は帝政を廃し、臨時に国防政府を樹立して戦争を続けたものの、プロイセン軍にパリを包囲されて食料不足に陥ったことから最終的に降伏した。なお勝った方のプロイセンは、1871年1月に成立した連邦国家・ドイツ帝国の盟主的存在となる。こうして戦争中に交戦国双方の政体が変わるという極めて珍しいことが起こった。

5月に締結された講和条約の結果、フランスはドイツに対してアルザス・ロレーヌ地方を割譲するとともに、50億フランの賠償金を支払うことになる。これは1872年のフランス政府歳出の1・8

倍、ＧＤＰの約2割に当たる、大変厳しいものだった。普仏戦争とそれに続く世界初となる社会主義政体（パリ・コミューン）の樹立など一連の出来事は、アルフォンス・ドーデーの短編集『月曜物語』に描かれている。その最初にあるのが、アルザス・ロレーヌの割譲を題材とする「最後の授業」だ。

フランス政府は賠償金の調達は公債発行に頼らざるを得ないと判断し、フランスの銀行も公債引き受けには前向きであった。その中でも大きな役割を果たしたのがロチルド（英語読みでロスチャイルド）家だ。１８１７年に設立されたロチルド・フレール商会は、フランス公債を引き受けるためにシンジケートを結成した。

ただしロンドン市場でいうと、それまで発行された債券の1回当たり最大金額が１８６９年のトルコ公債２２００万ポンドだったのに対し、普仏戦争賠償金の公債は１８７１年6月の第１回発行が８８００万ポンド（約20億フラン）、翌年7月の第2回発行が1億４０００万ポンド（約30億フラン）の規模となった。

賠償金公債の約6割はフランス国民が購入し、その原資の6割は彼らが所有していたトルコ、イタリア、オーストリア、米国、エジプト、スペインなどの外国公債の売却代金だった。そして残りの4割はタンス預金や銀行からの借入れだったようだ。

外国に販売された4割は、ドイツ、ベルギー、英国が大口購入者だった。「金は浮き物」と言わんばかりに、賠償金は公債発行によりあらゆる所からかき集められた。もちろん、その利子はフランス政府の負担となる。この実務を、ロチルドやロンドンの名門マーチャント・バンクだったベアリング商会らによるシンジケートが引き受けた。賠償金支払いの２％強はフランス銀行券だったが、負けた国の銀行券で賠償金を受け取ったドイツも懐が深い。

そのドイツ（プロイセン）自身も、戦費のほぼ全額を戦時公債で賄っている。戦争をするのもその後始末も借金となると、身の丈を超えた戦争が可能となる。19世紀後半にはこのような状況が生じており、アインチヒが言う「戦費を数倍に増額し消費する」下地が形成された。

日清戦争

日清戦争の賠償金も銀行頼みだった。１８９５年4月の「下関条約」と、同年11月に北京で締結された「遼東還付条約」で清国が日本に払うことになった賠償金は2億３１５０万両、英貨換算で３８０８万ポンドに上った。この内３０００万両は三国干渉で遼東半島を清国に返還する代償として受け取ったものだ。３０００万両は英貨にすれば約５００万ポンドで、単純に計算すると日露戦争の時の戦艦4隻分の金額となる。

日清戦争以降の7年間で、６隻の戦艦を英国から購入してロシアの脅威に備えた日本にとって、この３０００万両は大きかった。三国干渉は苦い経験だったが、転んだ日本もタダでは起きていない。

この2億３１５０万両は、当時の清国政府の歳出８０３０万両の3年分に相当する。賠償金を支払う側の清国は、これだけの金額を税収に頼るわけにもいかず、債券発行による借入れで資金を調達せざるを得ない。そして金額が大きいことからも債券発行は3回に分けられた。

英国は当初、ロスチャイルド商会を中心としたシンジケート団結成を目論んだが、これは他の欧州列強の抵抗にあった。またユダヤ系のロスチャイルド自身も、ロシア国内でのユダヤ人迫害を理由にロシアの銀行とシンジケート団を組むことを拒んだ。これは日露戦争の時に、米国のユダヤ系投資銀行家ヤコブ・シフが、ロシアでのユダヤ人虐待に反発して日本の戦時外債を引き受けたことを彷彿させる。

ただしロスチャイルドは日露戦争の時には、「日本を支援すると却ってユダヤ人への迫害がひどくなる」と考えていた。

そうこうしているうちに、第1回の債券発行はロシアとフランスの銀行がシンジケートを組んで引き受けた。残りの2回は英国とドイツの銀行でシンジケートが編成され、そこで大きな役割を果たしたのが香港上海銀行だった。これには、同行が英国政府の外交・通商政策を非公式的に補完する存在であったことが深く関係している。その核として活動したのがロンドン支配人であったユーウェン・キャメロンで、彼は第75代英国首相デービッド・キャメロン（在任２０１０～16年）の高祖父に当たる。

日清戦争の賠償金は、受け取る側でも銀行が大いに活躍した。

明治前期には日本の輸出入為替は外国銀行に押さえられていた。その状況を打開するために、明治13（１８８０）年2月に貿易金融の専門銀行である横浜正金銀行（正金）が設立された。しかし明治20年でも正金の為替扱い高は全体の24・７％で、特に輸入為替は６・７％に過ぎなかった。これは当時の貿易決済中心地であったロンドンで、正金が十分な正貨（外貨）残高を有していなかったことと無関係ではなかった。

日清戦争の賠償金の受け取りに際して、正金は日銀のロンドン代理店となった。そして「日本銀行寄託預金事務取扱命令書」に従い、日本政府が小切手で受領した賠償金は正金の日本政府の口座に入り、それはイングランド銀行にある正金の口座に入れられた。

こうして正金は、日本政府名義ではあるが巨額の正貨を手にした。日本政府も全額をすぐに使い切るわけではないので、正金はこの正貨を運用に回すことができる。輸入為替（輸入代金の立替え）もその１つだ。

賠償金の支払いから5年経った明治33年には、日本の輸入為替の33・1％を正金が取り組むようになったが、これには正金がロンドンで保有する正貨残高が増え、ロンドン宛銀行為替の取組能力が向上したことが寄与している。

同時期には正金の総資産額も２５８９万ポンドと、それまでアジアで最大規模の国際銀行として君臨していた香港上海銀行の２２４４万ポンドを上回った。正金のそれは日清戦争勃発前年である明治23年には４５４万ポンドで、香港上海銀行の２割程度であったことを考えると、同行が日銀代理店として日清戦争賠償金の受領に関わったことの意味が分かる。

第一次世界大戦

１９８０年代後半のバブル経済期、円高が進行したことも手伝い日本の大手銀行はドル換算の資産額で世界の上位を独占していた（表５－３）。しかしこれは、当時の日本の高い貯蓄率と銀行融資・間接金融を中心とする企業の資金需要がもたらした結果で、国内外から邦銀の自己資本比率の低さを指摘されていた。

主要国の中央銀行・金融監督当局で構成するバーゼル銀行監督委員会は、１９８８年7月に国際金融取引の安定化に向けて国際業務を行う銀行の自己資本比率向上に合意した。この委員会がスイス・バーゼルにある国際決済銀行（Bank for International Settlements：ＢＩＳ）で開かれることから「ＢＩＳ規制」とも呼ばれている。

それからさかのぼること約70年、第一次世界大戦後の「ヴェルサイユ条約」でドイツの賠償金支払いが決まった。連合国賠償委員会は、１９２０年7月に国別の賠償金受取り比率をフランス52％、英国22％、イタリア10％、日本０・７５％などとした。ただ米国は「ヴェルサイユ条約」に調印したが、その中に国際連盟設立条項があったことから、モンロー宣言以来の孤立主義を標榜する上院が条約批准に反対した。このため米国は賠償委員会に参加していない。

１９２１年4月に賠償金の額は１３２０億金マルクと決定。１９１３年のドイツのＧＤＰの２・３倍、税収の54年分に相当するまさに天文学的数字で、これを30年の月割りで支払うこととなった。

現在の日本の政府債務残高は、令和４（２０２２）年度当初予算でＧＤＰの１・８倍、税収の16年分に当たる。大きな違いは日本の政府債務はほとんどが国内向けで、国債の借換えで満期の事実上延長も可能だが、ドイツの賠償金は国外向けの支払いで外貨を消費するうえに期日の延長はできない点にある。

早くも１９２２年5月にドイツ政府は支払い困難に直面し、その後も頻繁に賠償金の支払い猶予を求めた。実際に支払いの遅延や不履行が発生したことから、怒ったフランスとベルギーが１９２３年1月に工業地帯のルール地方を占領して物流を差し押さえ、１９２５年8月に撤収するまでドイツに圧力をかけた。

こうした事態を受けて、連合国は1924年8月に米国人チャールズ・ドーズを長とする専門家委員会の提案（ドーズ案）を受け入れた。賠償金の総額と支払期限はそのままだが、月々の賠償支払いを4年間減額し、これにより支払いは再開された。1925年に副大統領となったドーズは、この功績で同年のノーベル平和賞を受賞した。

ところがこれも1928年12月には行き詰まる。そこでゼネラル・エレクトリック会長のオーウェン・ヤングを議長に連合国とドイツの中央銀行や民間銀行の代表者による委員会が設けられ、1930年5月に賠償金額の358億ライヒスマルク（金マルクではない）への削減と支払い期間の59年への延長が決まった（ヤング案）。

この委員会は、ドイツからの賠償金を受領し連合国の各中央銀行に支払うための国際金融機関の設置も提案する。これが1929年6月に設立された国際決済銀行（BIS）である。BISの資本金は各国から拠出され、多くの国では中央銀行が株式を引き受けた。ただし当時の「日本銀行条例」には株式の買い入れが日銀の営業項目に入っていない。そこで日本では政府系金融機関の日本興業銀行がシンジケートを組み、第一（表5－2の第一勧業銀行）・三井（同：太陽神戸三井銀行）・住友・三菱・安田（同：富士銀行）・鴻池（同：三和銀行）らの民間銀行がこれに加わってBISに出資した。

これら日本の民間銀行が、20世紀の終わりにこぞって世界の大手銀行上位に名を連ねた。

もっともBISによるドイツの賠償金支払い管理は、わずか数年で終わりを告げる。きっかけは1929年10月24日の「暗黒の木曜日」に始まる世界恐慌で、ドイツの賠償金支払いは再び深刻な危機

表5-2　世界の銀行総資産（1990年）

1	第一勧業銀行	（現・みずほ銀行）	4,282億ドル
2	住友銀行	（現・三井住友銀行）	4,092億ドル
3	太陽神戸三井銀行	（現・三井住友銀行）	4,088億ドル
4	三和銀行	（現・三菱 UFJ 銀行）	4,027億ドル
5	富士銀行	（現・みずほ銀行）	3,995億ドル
6	三菱銀行	（現・三菱 UFJ 銀行）	3,915億ドル
7	クレディ・アグリコル・ミュチュエル		3,052億ドル
8	パリ国立銀行		2,919億ドル
9	日本興業銀行	（現・みずほ銀行）	2,091億ドル
10	クレディ・リヨネ		2,873億ドル

出所：Morris Goldstein, Nicolas Veron（2011）“Too Big to Fail: The Transatlantic Debate,” *Bruegel Working Paper*, no.2011/03

を迎えた。このため米国大統領ハーバート・フーバーは１９３１年の支払いを猶予する（フーバー・モラトリアム）。

その後もドイツ経済は好転せず、１９３２年以降の賠償金支払いを話し合うため１９３２年６月にローザンヌ会議が開催され、賠償金の支払い残額を30億金マルクとすることで協定が結ばれた。しかしこれは批准・実施されなかった。欧州各国は批准に際して彼らが抱える対米戦時債務の軽減を求めたが、米国がこれに同意しなかったためだ。

そして１９３３年１月にヒトラー政権が誕生する。ナチスは反ヴェルサイユ条約を掲げており、アドルフ・ヒトラーは賠償金支払い自体を拒否した。

賠償金の支払い関連業務がなくなったＢＩＳは、中央銀行間の決済とその相互協力を推進する国際金融機関として存続する。果たして半世紀後には、ＢＩＳ創設時に出資してくれた民間銀行の自己資本比率を規制する会議の場を提供する。

この経緯は、まるで廻り舞台を見ている感がある。金（かね）だけでなく、銀行も天下を回っていた。

第6章

さんまを味わう傍らで

戦争の産業論

江戸時代でのこと。江戸郊外の目黒に鷹狩りに出かけた殿様が、農家で出された「さんまの炭火焼」の美味しさに驚く。その味を忘れられない殿様は、しばらく後に「さんまを食べたい」と言うが、お屋敷では庶民の味覚を再現できない。古典落語「目黒のさんま」の噺だ。

鷹狩場があったところの近くを流れる目黒川は、今では桜の季節になると東京一の人出で賑わい、その北東側には防衛省・自衛隊（技術研究所、幹部自衛官の教育機関など）の敷地が横たわる。ここにはかつて江戸幕府の砲薬製造所があり、目黒川に置かれた水車が動力を供していた。外圧危機に対する国防強化の一環で、「軍器独立」の始まりだった。

1 日本軍需産業の黎明

火器の登場

軍器独立は明治期の標語だが、この背後にある日本の軍需産業・技術の流れを俯瞰してみよう。

軍事技術も中世以前には割と単純で、武器も刀剣や弓矢、甲冑などの工芸品が主なものだった。これに変化を与えたのが13世紀後半の中国・元での火器の発明・実用化だ。ちょうど日本の鎌倉武士たちが1274年の元寇・文永の役でモンゴル軍と対戦し、火薬炸裂弾の「てつはう」に驚いた頃に当たる。ただ「てつはう」の武器としての効用は、火炎や音響による相手の威嚇に限られたようだ。

元寇、特に弘安の役（1281年）は軍船の漕ぎ手も含めて約16万人の軍勢による上陸作戦だった。第二次世界大戦のノルマンディー上陸作戦（1944年）以前でこれに匹敵するものは、豊臣秀吉による朝鮮出兵での半島上陸ぐらいだろう。朝鮮出兵は文禄の役（1592〜93年）で派遣総勢が約16万人、ノルマンディーでは初日に約18万人が上陸している。しかもこれらは海峡対岸からの上陸であったのに対し、弘安の役での元軍主力・江南軍は遠く東シナ海を渡ってきた。

話を軍事技術に戻す。火器はユーラシア大陸を席巻したモンゴル帝国や西アジアで覇を唱えたオスマン帝国を経由して、14世紀には欧州に入ってくる。フィレンツェには、1326年2月に都市防衛のために金属砲と鉄製弾丸を獲得したことが記された文書が残っている。ただこの金属砲は性能が不十分で、信頼性は低かったようだ。

しかし半世紀も経つと実用性も向上する。「火器の導入は、作戦法そのものにたいしてだけではなく、政治的な支配および隷属の関係にも、変革的な影響を及ぼした。火薬と火器を手に入れるためには、工業と貨幣とが必要であった」（フリードリヒ・エンゲルス『反デューリング論』）。言い換えると、火器の登場は貴族による武力独占を崩し、その製造と調達が勝敗の鍵を握った。

産業革命と軍需産業

この時点では、火器・武器の製造はまだ手工業だった。

ところで軍による武器、特に大砲の大量調達は16～17世紀のスウェーデンやドイツ、フランス、スペイン、英国などで製鉄業発展の契機となった。同様に小銃製造の分野ではドイツ、イタリア、英国、スウェーデン、スペイン、ロシアで16～18世紀にかけて家内制手工業から問屋制家内工業の段階を経て、工場制手工業（マニュファクチュア）が導入された。ただし近代株式会社のように資本を広く大衆から募集するのではなく、経営者の個人資産が主な経営資本であるという同族経営の形態だった。

そこに大きな転機が現れる。18世紀の英国で起こった産業革命、工業技術でいうと蒸気機関の改良だ。

それまで人力・畜力・風力・水力を用いるしかなかった製造業に、蒸気機関が動力源として加わった。ただ意外なことに産業革命時の西欧では、軍需産業への新しい生産様式の導入はあまり進まなかった。かつて家内制手工業から工場制手工業への移行は軍需産業が牽引したにもかかわらずだ。

当時の軍需産業は国営工場が担っており、元々軍隊は伝統を重んじる文化が染みついているところに、この独占体質が新基軸である武器製造工程への機械導入を阻んでいた。慣れ親しんだものを過大評価する、また現状変更に伴って発生するコストを過大視する、行動経済学でいう「現状維持バイアス」に国営工場の経営者・労働者は浸っていた。

そうなると「伝統を重んじる文化」に縛られない民間企業が、産業革命の恩恵を享受し国営工場を尻目に武器製造の機械化を推し進める。英国のアームストロングやヴィッカース、フランスのシュナイダー、ドイツのクルップなどの大手武器製造業はこうして誕生・発展した。

日本との関係では、戊辰戦争時には新政府軍も佐幕藩も主な攻撃兵器としてアームストロング砲を配備し、幕府海軍の「開陽丸」はクルップ砲を装えていた。また明治期の海軍は、戦艦「三笠」や巡洋戦艦「金剛」などの主力艦をヴィッカースに発注した。

文化革命と科学革命

欧州で発明された火縄銃は、ポルトガル商人や中国・南洋の貿易商、倭寇などを通じて16世紀半ばに日本に伝わった。種子島は、その経路の1つだった。

伝えたのがポルトガル人だろうが倭寇であろうが、戦国時代のことであり、鍛冶職人の匠と戦時の武器需要が火縄銃の大量生産に火をつけた。大坂冬の陣（1614年）では両軍合わせて火縄銃10万挺を擁するなど、17世紀の日本は世界有数の鉄砲大国となっていた。

しかしその後は2世紀半におよぶ鎖国に入った。戦国の世も終わり、欧州と日本の軍事技術は遮断される。そうなると日本では、鉄砲の射撃は武器の操作から離れて、砲術として武芸に転化した。江戸初期には40程だった砲術流派が幕末には400近くにも膨らむ。天下泰平のなせる業だ。

1635年には徳川家光が「武家諸法度」を改訂して、それまで西国の有力大名を対象としていた500石以上の大船建造禁止を全国に広めた。こうして軽武装が江戸期の日本に定着する。

同じ頃の西欧では産業革命を経る中、絶対主義戦争・ナポレオン戦争などが起こり、まさに欧州全体が戦国状態だった。加えて理学・工学・数学などの自然科学全般の発展に恵まれた。この背後には、古代ギリシアに端を発し、中世にはイスラム世界で育まれた後、ルネサンス期に欧州で花開いた人間中心の人文主義・合理主義的な考え方があった。

西欧では「技術者によって進められた一六世紀文化革命は、自然認識における経験の重要性を強調し、自然研究の主要な手段として定量的測定と実験的方法を押し出し」（山本義隆『一六世紀文化革命』）、17世紀科学革命の必要条件が整えられた。江戸期の日本はこれを欠いていた。あっても一部の知識人の間に留まり、実学として経済活動と結び付かなかった。

欧州では蒸気機関や水圧器が行っていた金属加工も、日本では鍛冶職人の手作業のままだった。弾丸・砲弾の射程と命中精度を飛躍的に向上させた施条（ライフリング）などの技術は、文化革命と科学革命、そして産業革命の賜物だ。また19世紀半ばに配備された鋼製後装砲は、従来型の鋳鉄砲・青銅砲に比べて初速は4割、弾丸の重量は2割増しとなり、射程は2倍に伸びた。

当然の結果として、欧州の絶対主義国家が東アジアでの植民地獲得に乗り出した19世紀には、日本は武器の生産と技術の点で欧米に大きく後れをとることになる。

幕末には欧米列強が交易やその他の利権を日本に求めてきた。アヘン戦争（1840～42年）での戦闘経緯や南京条約の内容がオランダ経由で入ってきたこともあり、大いに危機感を覚えた幕府は急いで軍備強化に乗り出す。大船建造禁止も1854年には解かれ、幕府だけではなく各藩も、堰を切

表6-1　幕末時に設立された主な洋式軍需工場

設置者	設立年	設立時名称	明治維新後の主な用途	現在の用途
幕府	1853年	湯島鉄砲製作所	○東京女子高等師範学校	○東京医科歯科大学
	1853年	浦賀造船所	○浦賀船渠	○浦賀レンガドック
	1861年	砲薬製造所(目黒)	●海軍技術研究所	●防衛省・自衛隊施設
	1861年	長崎鎔鉄所	○三菱長崎造船所	○三菱重工業長崎造船所
	1863年	関口大砲製作場	●東京砲兵工廠	○高層住宅
	1865年	横須賀製鉄所	●横須賀海軍工廠	●米国海軍横須賀基地
佐賀藩	1850年	築地反射炉	○佐賀市立日新小学校	○同　左
薩摩藩	1850年	集成館	○尚古集成館(博物館)	○同　左
水戸藩	1853年	石川島造船所	○東京石川島造船所	○商業施設
加賀藩	1869年	兵庫製鉄所	○川崎造船所	○川崎重工業神戸工場

注：●は軍事用途、○は民生用途。浦賀レンガドックは戦後長く造船所として機能してきたが、2021年に住友重機械工業から横須賀市に寄贈され、世界的にも貴重・希少なレンガ積ドライドック・産業遺産として保存されている
出所：日本工学会編（1995）『明治百年史叢書 明治工業史7 火兵編・鉄鋼編（復刻版）』原書房より作成

ったように洋式軍需工場や造船所の建設を始めた（表6－1）。

冒頭に挙げた砲薬製造所も、黒船来航を受けて建てられた施設だ。また1665年に江戸城内から千駄ヶ谷へ移った幕府の火薬庫「焔硝蔵」も、1861年には目黒へ移った。

千駄ヶ谷の跡地は明治に入ってから陸軍の青山練兵場となり、その後は明治神宮外苑競技場、現在は国立競技場などが立っている。1943（昭和18）年10月には学徒出陣壮行会が行われ、1964年10月にはオリンピック、2021年7～8月にはオリンピック・パラリンピックの主会場となった。

目黒のそれは海軍の技術研究所となった後、多くの部分は防衛省・自衛隊の所管となっている。

こうして再び欧州と日本は軍事技術で結び付いた。それでも下関戦争（1863・64年）や薩英戦争（1863年）で日本側が装備していた大砲のほとんどが鋳鉄砲や青銅砲で、欧米の新型砲に太刀打ちできなかった。

軍器独立とリスク

幕末には洋式軍需工場・造船所が建設され、同時に欧米から日本へ武器が大量に輸出された。特に南北戦争で269万人の兵力を動員した米国の北軍兵器廠は、戦争中に400万挺の小銃・拳銃を生産した。しかし南北戦争が終わると、陸・海・海兵隊を合計した兵員数は7万7000人（1866年）に縮小された。こうして余剰となった米国製武器は日本に持ち込まれる。

しかし幕府・各藩がバラバラに武器を調達したことから、統一が取れないまま武器の数だけが増えていった。小銃だけでも200種類以上となり、中には試作品や廃品同然のものもあった。

このため弾の直径は銃砲ごとに異なり、部品の互換性にも欠いていた。また輸入品は国内での修理にも限界があった。これでは効率的な軍の運用は望めない。

そこで武器の国産化と標準化、いわゆる「軍器独立」が企図された。これは単なる武器の国産化だけではなく、資材や部品の国産化、技術の習得、そして資本の独立も含んでいた。この役割は、国営工場である工廠が担うこととなる。

明治期には東京と大阪に陸軍工廠が置かれた。東京砲兵工廠の主工場は水戸藩邸跡、現在の東京ドーム周辺に建設され、小銃の製造を主としていた。大砲の生産を中心としていた大阪砲兵工廠の跡地は、今は大阪城ホールや大阪ビジネスパークなどとなっている。

大阪への砲兵工廠設置は、陸軍建設の青写真を描いた大村益次郎の進言によるものだ。維新直後から鹿児島士族が新政府に対して不穏な動きを見せていた。大村には大阪の工廠を、鹿児島の動静への備えとする考えがあった。この不安は、彼が暗殺された7年後に西南戦争が勃発して現実のものとなる。

明治中期の主要工場の従業員数と原動力を表6-2に示す。殖産興業政策により、民間資本による近代工場も徐々に育ってはいた。しかしそのほとんどは、官営工場の払い下げだった。これは封建社会であった幕藩体制が崩壊した後、資本蓄積・資本形成を国家主導で行った結果である。

一般に新興国が工業化を推進する際、国家主導となる場合が多い。特に重工業は設備投資と運転の両面で多額の長期資金を必要とするが、未成熟の民間金融機関や金融市場はその与信リスクに耐えられないからだ。

当時の軍需工業は民生工業に比べて規模が大きく、それだけリスクも高くなる。表からも分かるように、重工業は軽工業（富岡製糸場）に比べて機械設備の規模がはるかに大きく、また同じ重工業でも工廠の規模は民間工場を大きく上回っている。さらに金融制度・市場も未発達だったことか

表6-2　明治中期の主な工廠・民間工場

工場名	従業員数	原動力
東京砲兵工廠	2,223人	407馬力
大阪砲兵工廠	1,308人	241馬力
横須賀海軍工廠	2,456人	520馬力
海軍造兵廠（呉）	883人	343馬力
三菱長崎造船所	746人	160馬力
川崎造船所（神戸）	657人	111馬力
石川島造船所	350人	132馬力
釜石鉱山田中製鉄所	1,261人	109馬力
富岡製糸場	842人	17馬力

注：明治22（1889）～23年時点の値、ただし釜石鉱山田中製鉄所の従業員数は明治25年、原動力は明治24年、富岡製糸場の値は明治33年のもの

出所：吉田光邦（1977）『放送ライブラリー10［図説］技術と日本近代化』日本放送出版協会、群馬県史編さん委員会編（1985）『群馬県史 資料編23 近代現代7』群馬県、岩間英夫（1997）「釜石 における鉱工業地域社会の内部構造 とその発達過程」『地理学評論』70巻第4号、高松亨（1990）「釜石田中製鉄所木炭高炉の鉄管熱風炉」『技術と文明』第6巻第1号、野呂景義・香村小録（1893）「釜石鉄山調査報告」農商務省鉱山局より作成

ら、リスクを吸収し切れなかった。つまり軍器独立は、そのまま政府が事業リスクを負うことを意味していた。

一方で政府がリスクを負担することで、重工業での産業革命・殖産興業が推進されたのも事実である。工廠は帝国大学や官立大学の理工系学部出身者を多く抱え、西欧諸国には1世紀近く後れをとったが、理論が実学として経済活動に結び付く役割を果たした。

2　総力戦と産業動員

公共と規制

個人と公共、自由と規制は、ギリシャ哲学以来の西洋社会思想の基本概念で、経済学もこの大きな流れの中に位置する。単純化すると、資本主義は個人と自由を、社会主義は公共と規制を志向している。最近の例では、ＩＴ（情報技術）大手の自由な経済活動を後押しする米国と、それに対する規制強化を志向する欧州諸国の動きも、この社会思想の流れにおける出来事だ。

総力戦ともなれば「個人と自由」に立脚する資本主義も、「公共と規制」に軸足を置く産業動員に舵を切ることが求められるが、これは口で言うほど簡単ではない。

第1の問題は、民間企業側の姿勢にある。経済統制に協力すれば戦時利得が得られる大企業・軍需産業はレントシーキング（超過利潤の獲得）に走り、経済統制に進んで従うようにも思える。しかし政府主導の統制は現場の実情を十分理解したものではなく、生産や利益極大のためには必ずしも最適ではない。

企業にとって望ましいのは、自分たちが主導するカルテルや自主統制だ。談合がいつになってもなくならないのは、こういうところに原因がある。

経済統制は自由な経済活動とは対立する概念で、資本主義である以上、企業経営者は言うに及ばず民間のエコノミストも経済統制には強く反対する。野村證券経済調査部長から時事新報景気研究所長に転じた勝田貞次は、日華事変以降の統制色の強い戦時財政を「徴発経済」と揶揄していた。

一般論として民間部門には、政府の介入に対する拒否感が強い。日本で2022年5月に成立した「経済安全保障推進法」を巡っても、産業界からは自由な経済活動への支障とならないかとの懸念が示された。

もう1つの問題は、行政側の体制だ。日本でも太平洋戦争時に軍部の統制強化と経済界からの自主統制の要求に板挟みとなった政府部内では、省庁横断的な調整もなく、逆に各部署が権限確保の縄張り争いを行う始末であった。

戦争の当事者である陸海軍の反目は有名で、同じ軍でも軍政部門・軍令部門での争いは絶えず、軍部と経済官庁間の確執などは言わずもがなである。その結果、「経済は半ば統制されていて、他の半分は自由であった」(J・B・コーヘン『戦時戦後の日本経済』)。さらに日本の場合、大企業とその下請けとなる中小企業が併存する「産業の二重構造」の状態にあったが、その中小企業が非効率で経済統制の阻害要因となっていた。

このような非効率や縄張り争いは、日本に限った話ではない。第二次世界大戦時のドイツでは経済統制の司令塔の役割を果たすべき組織が輻輳し屋上屋を架すなど、非効率なうえに権限争いが絶えなかった。米国の場合、第二次世界大戦では顕在化しなかったが、第一次世界大戦での産業統制は混迷を極めた。産業界による戦争支援組織化のために300を超える戦争奉仕委員会が設立され、それぞれが戦時産業局の下部組織である57個の物品委員会と調整することになった。さらには連邦政府内には、それを一括して担当する部署が設けられなかった。

石田三成の育成

軍や政府主導の戦時産業動員は洋の東西を問わず、文字通り「武士の商法」であった。こうなると解決策も見えてくる。武士も商法を学べば良い。武士の商人（あきんど）化だ。

米国は第一次世界大戦の強い反省のうえに立ち、1920～30年代にかけて戦時産業動員の制度を創り上げた。この中では軍の関与は抑えられ、計画の策定も民間主導とした。いってみれば談合の公認だが、目的は個々の企業の不当な利益追求ではなく、軍需品の合理的な生産増加にあり、決定過程は公表される。問われるべきは、形式ではなく中身ということだ。

また兵站部門の将校には、ハーバード・ビジネススクールや1924年に陸軍内に設立した陸軍産業大学（現在は国防大学傘下のドワイト・D・アイゼンハワー国家安全保障・資源戦略大学）で、経済理論・経営管理論を徹底的に学ばせた。石田三成型の将校を計画的に育成するわけで、「蝶々トンボも鳥のうち」と言っていた日本とはこの時点で勝負があった。

英国も米国を参考に、1920年代半ばに産業動員の制度を整えた。そこでは米国に倣って軍主導の国家統制を避け、企業側に主導権を持たせている。

これと直接関係はないが、2020年春の新型コロナウイルスの感染拡大への対応として、米国では「国防生産法」（1950年）にもとづき、当時のドナルド・トランプ大統領が大統領権限でマスクや医薬品の増産を要請した。

日本の陸海軍にも経理学校など、兵站・補給を担当する主計科将校の育成制度・組織はあった。しかしそこでの幹部候補生教育は、経済学と民法の講義時間数が同じであることに見られるように、「法律・規則にもとづいた会計実務の習得」といった色彩が強い。

ただ陸軍・海軍ともに経理学校での講師には著名な学者を招聘し、成績優秀者は帝国大学や官立商科大学に派遣留学させるなど、決して主計科将校の人材育成が疎かだったわけではない。

問題は主計科の人材や制度ではなく、それを使う側にあった。軍首脳部は兵站を「蝶々トンボ」の管理運営程度に見ており、主計科将校に求めたのも「会計実務」だった。これでは産業動員を戦略的に考えるという発想が出てこないのも無理はない。

陸軍経理学校は、現在では東京女子医大病院が立っている地にあった。病棟脇の街路樹に並んで道標ほどに小さい「陸軍経理学校跡」の碑がある。1942年3月に現・小平市に移転し、移転先は現在では陸上自衛隊小平駐屯地と関東管区警察学校になっている。往時の経理学校の門柱は、警察学校のそれとして今でも現役だ。小平駐屯地にある小平学校では、陸上自衛隊の会計業務に関する教育が行われている。

海軍経理学校があったところは、かつて築地市場だった場所だ。隅田川にかかる勝鬨橋北詰の歩道脇に「海軍経理学校之碑」が立つ。現在では海上自衛隊の会計業務の教育は舞鶴の第4術科学校が、航空自衛隊では福岡県芦屋の第3術科学校が担っている。

スターリンの理外の理

映画「スターリングラード」(2001年)に、殺伐とした前線に送られた主人公の狙撃兵ザイツェフらソ連軍兵士の半数近くが、小銃不足から銃を持たずに敵陣に突進する場面がある。彼らは、突撃の途上で銃を割り当てられた戦友が撃たれて倒れると、その銃を拾って敵に向かうよう命じられる。

さすがにこれは脚色で、実際にはそのようなことはなかったようだが、当時のソ連が産業の軍需動員で辛酸をなめていたのは間違いない。

戦争期間を通じてソ連のGNPは低下傾向にあったが、これにはソ連西部の工業地帯が戦場となったことと、労働力人口が激減したことが原因だ。1942年の労働人口は、開戦前年である1940年の6割近くに減った。実数では8680万人から5470万人への減少である。労働者は兵士として大量に動員され、捕虜や戦死者がでると補充のために動員が加速される。そして広範に及んだドイツ占領地の住民は、ソ連の生産活動から切り離された。

数字を挙げると、動員兵力は1940年の460万が1942年には1080万に増大し、開戦後の6カ月で381万人のソ連兵がドイツ軍に投降した。また1941年11月までにドイツが占領した地域には、ソ連全人口の4割が住んでいた。

その中で軍需産業の伸びは突出し、1944年まで一貫して増えている。逆に民生品工業・サービス業や農業の生産は大きく落ち込み、終戦時でも戦前の水準を回復していない。

表6-3　主要参戦国の軍需品生産高（1942〜44年）

（単位：1,000）

	小銃	野戦砲	戦車	トラック	軍用機
ソ連	9,935	380	77.5	128.6	84.8
（米国の対ソ援助）	——	——	(7.0)	(375.9)	(14.8)
米国	10,714	512	86.0	1,838.2	153.1
英国	2,052	317	20.7	256.0	61.6
ドイツ	6,501	262	35.2	199.6	65.0
日本	1,959	126	2.4	79.7	40.7
イタリア	n.a.	7	2.0	n.a.	8.9

注：米国の対ソ援助の期間は、1941年10月〜45年8月
出所：Mark Harrison (1998) "The economics of World War II: an overview," Mark Harrison ed., *The Economics of World War II: six great powers in international comparison* Cambridge: Cambridge University Press、John Ellis (1995) *The World War II Databook: The Essential Facts and Figures for All the Combatants* London: Aurun Press、有木宗一郎（1972）『ソ連経済の研究——1917－1969年』三一書房より作成

1942年の民生品の生産量は1940年と比べて食肉と乳製品が半分、繊維が3分の1、砂糖に至っては20分の1しかなかった。機械工業でも1940年にはトラクターを1万8467台、コンバインは1万1408台を生産して集団農場に提供されたが、1942年の供給台数はトラクターが727台と激減し、コンバインはゼロとなった。このような民生品生産の犠牲のうえに、銃砲・戦車・軍用機・弾薬などの軍需品が生産された。

武器については、1942年の生産量が小銃157万挺、野戦砲3万門、戦車・自走砲4800両、軍用機8200機であったのが、1944年にはそれぞれ245万挺、12万門、2万9000両、3万3200機に増大した。戦争期間中にソ連を上回る生産を行った参戦国は米国だけだ（表6－3）。

ただしソ連の戦時産業政策も決して順調ではなかった。特にスターリンによる粛清は国営企業の経営者・技術者にも及び、産業運営の大きな障害となった。同

時に国民生活に直結する民生品産業、特に農業に犠牲を強いた軍需産業運営は労働者の栄養不良を引き起こしたが、それでもマヤコフスカヤ駅での叱咤激励に見られるように、生産量確保のために不眠不休の長時間労働が強いられた。

ソ連が実施したのは、産業統制や計画経済を通り越した「命令経済」で、これが民間消費の急落に表れている。スターリンの戦時経済運営には失敗も多く、ソ連国民が不安に駆られたのは事実だ。しかし彼が引き起こした数々の誤りは、社会主義計画経済とは次元の異なる「理外の理」の中に呑み込まれて消化され、結果としてソ連に勝利をもたらした。

3　主力艦建造とクラウディング・アウト

帝政ロシアの脅威

19世紀半ば以降、アヘン戦争（1840～42年）、太平天国の乱（1851～64年）、英仏を相手とするアロー戦争（1856～60年）などで国力の衰えた清国に対し、ロシアは武力を背景に国境改定を迫り、アムール川北岸と沿海州を獲得した。併せてロシア人のシベリア移住が進み、1891年にはシベリア鉄道も起工される。日清戦争後にはフランス・ドイツと組んで三国干渉（1895年）を行い、その3年後にロシアは清国から遼東半島（旅順・大連）の租借と満州をT字型に貫く東清鉄道の敷設権を獲得した。

このように極東進出を進めるロシアに対抗するため、日本も日清戦争後に陸海軍の増強に乗り出した。最終的には日露開戦までの10年間で陸軍は師団数を6個から13個とし、海軍はそれまで1隻も保有していなかった戦艦と装甲巡洋艦を各6隻建造して六六艦隊を編成するという大掛かりな計画となった。さらに海軍は、日露開戦の直前に装甲巡洋艦2隻を追加購入した。

当時の主力艦の価格は第1章（ミクロ経済学）で見た通りだ。「三笠」1隻を建造するためには一般会計歳出の4・4％を必要とした。また今日でいうと海上自衛隊が保有する最大の護衛艦（DDH）「いずも」のそれは0・12％だ。単純に計算すると財政にとっての負担は、「三笠」は「いずも」の37倍となる。日本が対露戦準備のために整備した戦艦6隻と装甲巡洋艦8隻の総額は約1億3100万円で、当時（明治34〔1901〕年度）の一般会計歳出の半分弱に当たる。

これは現在の日本の財政支出（令和4〔2022〕年度一般会計当初予算：108兆円）に直すと、いずも型DDHを470隻整備したことに等しい。これに対して2022年12月に決定された「防衛力整備計画」では、海上自衛隊が配備する護衛艦とイージス・システム搭載艦の合計は56隻だ。

また米国海軍の最新原子力空母（「ジェラルド・R・フォード」）の価格は、米国政府の年間歳出の0・33％に相当する。現在、米国は原子力空母を11隻保有している。見方を変えると、「三笠」1隻の建造に要した明治政府の財政負担は、今日の米国政府が原子力空母11隻配備に要する負担を上回る（ただし搭載機は含まない）。

明治政府が認識していたロシアの軍事的脅威を数字で表すと、このようになる。

もっとも対露戦準備のための海軍軍備拡張経費の約6割は、日清戦争の賠償金で賄われた。その清国はこの賠償金支払いのために、ロシアを含む欧州の主要銀行が引き受ける形で外債を発行している。単純化するとロシアが清国に貸した資金は賠償金として日本の手に渡り、そこで対露戦準備の軍備増強に用いられ、英国やドイツなどへ武器輸入代金として支払われた。文字通り、「金は天下の回りもの」だ。といっても、この資金移動の多くはイングランド銀行などロンドンにある銀行間の帳簿処理であった。

「みな、ご苦労だった」

日露戦争が開戦して約3カ月が経った1904年5月15日の午後、閉塞作戦のために旅順港外を航行中の戦艦「初瀬」と「八島」が相次いで機雷に触れて沈没した。日本海軍は、爪に火を灯す思いで建造した戦艦6隻のうち2隻を瞬時に失った。

これは先に挙げた数字でいえば、今日の海上自衛隊がいずも型DDHを60隻、米国海軍が原子力空母を23隻喪失したことに匹敵する。米国海軍が現在保有する原子力空母11隻が2回全滅してもまだ足りない。この悲報を受けた海軍首脳の間に走った戦慄は察するに余りある。

幸い沈没には時間がかかり、両艦の艦長は救出された。男泣きに声を絞り出して報告する艦長らに、連合艦隊司令長官の東郷平八郎は「『みな、ご苦労だった』と、それだけをいって、卓上の菓子皿を艦長たちのほうに押しやり、食べることをすすめた」(司馬遼太郎『坂の上の雲』)。司馬はこういうところに、薩摩人の将に将たる才を見る。

もっとも「ご苦労」は始まったばかりだ。1カ月後の6月23日には2隻の損失を補うため、呉海軍工廠で1万4000トン級の装甲巡洋艦「筑波」「生駒」を建造することが決まった。その直前に、横須賀と呉の海軍工廠で3400トンの巡洋艦「新高」「対馬」を竣工させてはいた。それをいきなり、排水量で4倍を超える主力艦を造れと言う。戦争中なので失敗や遅延は許されない。先の海軍首脳部の戦慄が収まらないうちに、今度は呉海軍工廠が狼狽する番となった。

ただ「筑波」の起工は旅順陥落後、「生駒」のそれは奉天会戦後となり、両艦とも戦争には間に合わなかった。なお戦争中の緊急建造という性格から、建造経費の出どころは一般会計ではなく臨時軍事費特別会計（戦費）であった。

官業と民業

日本の近代造船業は黒船が来航した1853年に始まる。日本で初めての洋式造船所が浦賀と石川島に作られた（表6－1）。前者は幕府が直接建設し、後者は幕命により前水戸藩主・徳川斉昭（徳川慶喜の父）が手掛けた。

1865年には幕府が横須賀に洋式造船所を開設する。名称は「横須賀製鉄所」で、小栗忠順が計画してフランスから技術を導入した。歴史小説などでは「小栗上野介」で通っている彼は、1860年に日米修好通商条約の批准書交換使節の一員として米国に赴いた際、近代工場を見学して日米の工業技術の差を目の当たりにしていた。

如何ともしがたい倒幕の流れの中にあって、小栗は横須賀製鉄所を幕府から新政府への置き土産として「土蔵附き売屋」と皮肉を込めて呼んだ（島崎藤村『夜明け前』）。

土蔵であるかはともかく、横須賀製鉄所は造船業のみならず日本の近代工業の先駆的な存在で、富岡製糸場の建設には技師・大工を派遣して支援した。その後、神奈川裁判所（明治初頭の「裁判所」は地方行政機関で現在の「県」に相当）、民部省を経て、1870年に海軍省所管となる。

当の小栗は鳥羽・伏見の戦い後の1868年1月に幕臣を辞して、現在の群馬県高崎市にある東善寺に移り住んだ。しかし旧幕臣であったことから新政府軍に捕らえられ、ろくな調べも受けずに処刑された（同年閏4月）。

ただ軍事・産業のみならず、財政・金融・外交と多岐にわたる小栗の卓見・功績は高く評価されており、大隈重信は日頃「明治政府の近代化政策は小栗忠順の模倣に過ぎない」と語っていた。東郷平八郎も、日露戦後に小栗の子孫に対して「上野介殿が造った造船所のお陰でロシアに勝つことができた」と述べたという。

なお呉海軍工廠は、明治政府の手で1889年に新設されたものだ。

ただし重工業は資本集約的であるため、新興国が優位性を発揮できる安い労働力を活かすこともできず、事業としてのリスクも無視できない。それを漫然と国家主導で事業化すると、優位性を欠く国営企業が民間企業の資金調達を圧迫する。クラウディング・アウトである。これは今日でも、発展途上国の経済運営で頻繁に見られる光景だ。

官業で始めた事業の民営化・払下げは、それを回避する手段の1つである。ところが実際には行政の関与を強く残した民営化が行われ、クラウディング・アウトが事実上解消されない例は少なくない。

日本では日清戦争の前、4200トン級の「松島」「厳島」「橋立」の三景艦の中で、造船技術向上の狙いから「橋立」だけが横須賀工廠で国産された。しかし造船技術が未熟であったことから、建造期間はフランスで建造された同型艦「松島」「厳島」の1・5倍となり、そのため建造価格もフランスで建造した同型艦より4割ほど高くなった。

表6-4　四大造船所で建造された大型軍艦（戦艦、巡洋戦艦、空母）

横須賀海軍工廠	橋立、薩摩、鞍馬、河内、比叡、山城、陸奥 天城（未完）、飛龍、翔鶴、瑞鳳、雲龍、信濃
呉海軍工廠	筑波、生駒、安芸、伊吹、摂津、扶桑、長門、大和 赤城、蒼龍、葛城
三菱長崎造船所	霧島、日向、土佐（未完）、武蔵 隼鷹、天城
川崎造船所（神戸）	榛名、伊勢 加賀、瑞鶴、飛鷹、大鳳

注：上段は戦艦・巡洋戦艦（「橋立」は就役時には等級が制定されていなかった）、下段は空母。横須賀海軍工廠で建造された「天城」（未完）は、ワシントン海軍軍縮条約（1922年）による空母改装工事中に関東大震災（1923年）で損傷・廃棄された。この代わりとして、同条約で廃棄される予定であった戦艦「加賀」が空母に改装された。三菱長崎造船所で建造された「天城」は、雲龍型空母2番艦

このことが示すように日本の工業化も決して順調ではなく、本邦初の主力艦建造は授業料が高くついた。日露緒戦で沈没した「初瀬」「八島」も含めて、明治期の主力艦整備は英国を中心にすべてを輸入に頼った。

日本の造船業は横須賀と呉の海軍工廠が牽引する形で発展し、大正期に入ると民間の造船所でも大型主力艦が建造されるようになった（表6－4）。三菱長崎造船所は幕府が艦船修理を主目的として1861年に設立した長崎鎔鉄所が、神戸の川崎造船所は小型蒸気船建造用に加賀藩が廃藩置県前の1869年に設置した兵庫製鉄所が、それぞれ官収・官営を経て1887年（長崎）と1894年（神戸）に払い下げられたものだ。

横須賀工廠で建造された最後の大型軍艦は、1942年6月のミッドウェー海戦での空母損失を受けて、建造途中で空母に改装された大和型戦艦3番艦の空母「信濃」である。「信濃」は竣工時には世界最大の空母であったが、1944年11月19日の竣工後に呉への回航途中、米国潜水艦の攻撃を受けて11月29日に紀伊半島沖で沈んだ。わずか10日の命だった。

「信濃」が建造された6号ドックは、現在は米国海軍横須賀基

地の施設として原子力空母など大型艦艇の修理・点検に用いられている。

4　軍用機開発と埋没費用

コンコルドの誤謬

武器の単価では軍艦がいつの時代でも最も高額だが、近年では軍用機の開発費高騰が大きな問題となっている。軍用機に限らず、開発を始めたものの当初予定していた開発経費を大幅に超過し、それでも止めるに止められない事態は常態化している。

ある事業を行うために投入した資金・労力・時間などで、事業を中止・規模縮小しても回収できないものを「埋没費用（サンクコスト）」と呼ぶ。そのような事業はさっさと止めてしまえばよさそうなものだが、いろいろなしがらみもあり事業からの撤退は簡単ではない。

この典型的な例に、超音速旅客機コンコルドの開発計画がある。１９５０年代に別々に超音速旅客機の開発を進めていた英仏両国は、競合を避けるため１９６２年に共同開発を行うことで合意した。しかし元々超音速飛行は燃費が悪いところへ持ってきて、空気抵抗を抑えるための細い胴体では座席数が犠牲となった。さらに開発に手間取って機体価格が上昇したこともあり、運航する航空会社は採算が見込めなくなった。

１９７０年にＢ－７４７ジャンボジェットが就航すると、低コストの大量輸送時代が拓かれる。とどめは１９７３年の第１次石油ショックで、コストが高くつく超音速旅客輸送への関心は急速に失われた。

新時代の旅客機ということで伸びた受注は解約が相次ぐ。1965年に3機を発注した日本航空も、1973年にはそれを取り消した。それでも開発を止めることもできず、最終的には開発国の国営航空会社であったエールフランスとブリティッシュ・エアウェイズがアリバイ的に8機を購入するに留まった。両国営航空会社にしてみれば、政府から押し付けられたようなものだ。商業的には全くの失敗で、「コンコルドの誤謬」と呼ばれている。

TSR-2とF-35

ところで同時期の英国には、超音速偵察攻撃機TSR-2の開発計画があった。任務の性格からすると、第二次世界大戦で大活躍した木製の偵察爆撃機モスキートの超音速版に当たる。低高度での長距離超音速侵攻・核攻撃と短距離離着陸が可能という過酷な要求を満たし、1964年には初飛行にたどり着いた。英国航空機産業の面目躍如である。しかし黄昏の帝国は技術の壁をどうにか突破したが、カネの壁にはね返された。TSR-2は開発費の急騰に財政が追い付かず、1965年に計画は中止された。「売り家と唐様で書く三代目」を地で行くような結果だ。

両者を比べると、TSR-2ではコンコルドと異なり、埋没費用の罠から巧く抜け出すことができたようにも見える。ただし話はそう単純でもない。

多用途戦闘機F-35も開発期間の延期が繰り返されて開発経費は上昇した。これについて現代戦略論の泰斗であるエドワード・ルトワックは、「そもそも同一機にステルス性・多用途性から垂直離発着まで詰め込む仕様に無理がある」として、2010年頃にはF-35の開発に厳しい論評を繰り返していた。欧州共同開発のユーロファイター・タイフーンや日本のF-2戦闘機も、同じように開発は難航・遅延して経費は当初計画を大きく上回った。

実際の問題として埋没費用を巡る判断は極めて難しい。Ｆ－35にしてもユーロファイターやＦ－２にしても、技術陣の尽力により時間はかかったが問題は克服され配備についている。埋没費用を「損切り」する判断は、早過ぎても遅過ぎても最適解は得られない。これは確実な現在と不確実な利益が見込まれる将来とを選択する、時間選好の問題でもある。

まして「特定の製造品が国防上必要であるならば、その供給を隣国にたよることは、かならずしも思慮あるやり方とは言えまい」（アダム・スミス『国富論』第四篇）。この250年前と同じ認識は、今日でも軍用機開発に伴う埋没費用切り捨ての決断に大きな影を落としている。

埋没費用の落穂拾い

埋没費用が問題となるのは軍用機開発に限らない。企業の研究開発や事業でも「ここで止めると、今までの投資や苦労が水の泡となる」という声に押されて、撤退の時期を逸することがままある。その場の勢いや浪花節で全会一致の決定がなされると、責任の所在が曖昧になるのは必定だ。「何やらわからぬ『空気』に、自らの意思決定を拘束されている」（山本七平『「空気」の研究』）日本社会は、常に埋没費用の罠に陥る危険をはらんでいる。

最悪の場合、事業撤退が遅れて損失がさらに膨らんだうえに、それを覆い隠すための詭弁を弄することに資源が投入される。埋没費用は雪だるま式に膨らむばかりだ。歴史ある著名な企業が、こうして破綻に至った例は数知れない。

確かにコンコルドやＴＳＲ－２の開発費用は、1960年代半ばの時点では埋没費用だった。しかしその後のジャギュア、トーネード、ユーロファイター、そして次期戦闘機として計画しているテンペストと英国の軍用機開発の流れを眺めるとどうか。１９６０年代に事業として失敗しながらも、身に付いた唐様の優美さは衰えを見せていない。

ただ英国も依然として開発費用では苦労しており、ユーロファイターまですべて国際共同開発となっている。そしてテンペストも、２０２２年12月に発表された日英伊3カ国共同の次期戦闘機開発計画に統合することが発表された。

19世紀には勇ましかった軍器独立の掛け声も、ここに来てカネの力に押し流された感はある。

１つの事業において埋没費用損切りの判断は難しいが、その事業の事後的な評価も困難である。コンコルドの開発は事業としては「誤謬」であったが、英国の航空機産業の技術力向上にとって決して「誤謬」でなかった。

日本でも、１８７2年に設立された富岡製糸場は経営的には赤字続きだった。当時の日本の国力から見て、世界最大級の製糸工場は過大な投資だったことは否めない。しかし富岡製糸場で製糸技術を学んだ工女たちは、地元に戻って各地での製糸業立ち上げの礎となった。こうして繊維製品は日本の主力輸出品となり、１９０9年には清国を抜いて世界最大の生糸輸出国となった。生糸の輸出が稼ぎ出した正貨・外貨で、日本は最新鋭の武器を輸入することができた。

赤字を抱えた富岡製糸場が、殖産興業の「誤謬」と捉える者はいまい。ただ『女工哀史』や『あゝ野麦峠』にもあるように、工女たちの労働環境が劣悪だったことは、記憶に留めなければならない。

話は変わるが、毎年3月になると入学試験に失敗して2次募集・追加募集に走る受験生の話を見聞きする。この背後には、「あれだけ勉強したのに失敗したままではもったいない」という意識があるのだろう。受験勉強にかけた時間と労力も、この時点では埋没費用である。

ただし長期の視点に立つと、時間と労力は決して埋没していない。受験に失敗したとしても、学んだ内容はその人の知識や教養として身に付いている。今の段階では埋没していても、いずれ人生の糧となって必ず役に立つ。

そうはいっても、差し当たり失敗を回避したいのが人情だ。何となく2次募集・追加募集に挑むのも、事業の撤退について詭弁に近い言い訳で取り繕うのもその一環だが、これでは埋没費用は当分の間「埋没」したままだ。

それでは失敗や試行錯誤に寛容で、再挑戦・敗者復活に恵まれた環境であればどうか。受験や研究開発で失敗しても、気長に構えて再び機会をうかがい、埋没した費用を新しく生き返らせることが期待できる。埋没費用の中には、埋没した時には気付かなかった宝物が潜んでいるものだ。そのような落穂拾いは、軍用機開発力はもとより社会全体の生産性向上を招くに違いない。少なくない数の偉大な発見・発明が、こうしたところから生まれている。

失敗や再挑戦に非寛容なあまり、拾われるべき落穂が覚束なくなるような社会となっては目も当てられない。

第7章 秀吉が授けた知恵

戦争の通商・貿易論

大坂冬の陣（1614年）で豊臣方と和睦を結んだ徳川家康は、大坂城の堀を埋め立てて夏の陣を迎えた。

この「和睦・堀の埋め立て」は、豊臣秀吉が伏見城の攻略法として家康に伝えたという話が、元禄時代に編纂された歴史書『武功雑記』に出てくる。また江戸幕府が19世紀前半に編纂した正史『東照宮御実紀』（徳川実紀）の附録第十四巻では、大坂城完成直後に秀吉が前田利家・蒲生氏郷らに「大坂城の攻め方」として「和睦・堀の埋め立て」を披歴している。ただこれらの逸話は、年月が経ってから書かれているので眉唾物ではある。

なお『東照宮御実紀』によると、秀吉はこの時もう1つの方法として兵糧攻めを挙げていた。堅牢な城郭といえども、兵糧攻めには耐えられない。これは国家とて同じである。

―1― 経済封鎖と武器貿易

美女と経済封鎖

経済封鎖は国家規模の兵糧攻めだ。これは古代ギリシア国家間の交易争いに端を発し、民主制アテネの実質的支配者であったペリクレスが、アテネの西40kmの所にあった都市国家メガラに対して発した通商禁止（「メガラ布令」：紀元前432年）にさかのぼるといわれている。ペリクレスはメガラ商人をアテネへの出入り禁止とした。当時メガラはスパルタと同盟関係にあったことから、これはアテネとスパルタがギリシアの覇権を争うペロポネソス戦争（紀元前431～前404年）の遠因となる。

古代ギリシアの劇作家アリストパネースは、アテネとメガラの遊女の奪い合いが経済封鎖の原因とする喜劇を書いた（アリストパネース『アカルナイの人々』）。これは作り話だが、当時も戦争の陰に美女を配すると興行面で効果はあったのだろう。

近世では経済封鎖の手段として有名なものに、イングランドの「航海条例」（1651年）がある。イングランド市場から、通商・貿易上の強敵だったオランダの締め出しを狙ったもので、「メガラ布令」と同じように出入り禁止としたものだ。

国土の狭いオランダは、通商・海運など国土面積に影響されない産業に注力した。しかし「航海条例」によって、オランダの貿易業・海運業は、それまで大きく依存していた中継貿易から締め出される。

オランダにとっては死活問題で、そのため戦争に訴えて第1次英蘭戦争（1652～54年）が起こった。

アダム・スミスは、「航海条例」にはオランダへの経済的打撃の他に、自国の海運業を保護して海軍力の強化につなげるイングランドの意図があったと見ていた。

曰く、「大ブリテンの防衛は、その海員と船舶の数によるところが大である。それゆえ、航海条例が、外国船にたいして、ある場合には絶対的禁止をもって、またある場合には重い負担を課すことによって、大ブリテンの海員と船舶に自国の貿易を独占させようと努力しているのは、当を得ている」（アダム・スミス『国富論』第四篇）。

アダム・スミスは自由主義経済学者で、重商主義的な政府による経済への介入や保護政策を批判したが、第6章（産業論）でも見たように国防はその例外と考えていた。

当時は国家が民間船舶に私掠免許を交付して、敵国の商船を攻撃させた。免許料を払えば免許が交付され、捕獲した船の積み荷は私掠船のものとなる。いわば「海賊公認免許」だ。

現在でこそ海賊は取り締まりの対象で、アフリカのソマリア沖では日本を含む各国海軍が艦艇や哨戒機を出して海賊に対処している。しかし13～18世紀の欧州では、逆に海賊は政府から奨励されていた。私掠船は海戦に参加することもあり、海軍の主要な戦力でもあった。1588年にイングランドがスペイン無敵艦隊を破った時も、双方とも艦隊の大半は私掠船だった。

日本では九州征伐を終えた豊臣秀吉が、同じ1588年に「海賊禁止令」を出している。世が平和になると海賊も必要がなくなる。

英蘭戦争はオランダの敗北で終わる。通商・貿易で優位を失ったオランダは、経済活動の軸足を金融に移すことになる。こうしてアムステルダムは、19世紀にロンドンに取って代わられるまで欧州の金融センターとして機能した。

そのアムステルダムは、2020年1月に英国がEUを離脱するのを受けて、再び金融センターとしての地位を虎視眈々と狙っている。

「メガラ布令」も「航海条例」も一対一の通商・貿易禁止だったため、「包囲網」とはならない。近代になってからの包囲網的な経済封鎖は、1806年11月にナポレオンが出した「大陸封鎖令（ベルリン勅令）」に始まる。

1805年10月にトラファルガー沖の海戦で敗れたとはいえ、2カ月後にはアウステルリッツの三帝会戦に勝利したナポレオンは、10世紀から続く神聖ローマ帝国を解体してライン同盟を結成する。

これに対して英国海軍は1806年5月にブレストからエルベ川まで、つまりフランスのほぼ西端からユトランド半島の付け根の間にある港を封鎖した。すると同年10月にイエナの戦いでプロイセンを破ってベルリンに入城したナポレオンは、報復措置として11月に「大陸封鎖令」を発布、欧州大陸諸国に英国とその植民地との交易・通信を禁じた。経済封鎖の応酬である。

しかし当時は既に、貿易を通じて経済は相互依存の状態にあった。つまり相手を封鎖すると、こちらも返り血を浴びる。こうなると我慢比べだ。結局「大陸封鎖令」で経済的な打撃を受けたスウェーデンやポルトガル、ロシアは封鎖令に離反し、これがナポレオンの没落を早めることになる。

鉄砲伝来

日本の場合、戦乱は基本的に内戦だったことから、局地的な兵糧攻めを除いて経済封鎖はほとんど行われていない。このため中世の日本では、戦争と通商・貿易の関わりは軍需品の輸入、具体的には火縄銃に関連するものとなる。

通説では火縄銃が日本に伝わったのは1543年で、種子島に漂着したポルトガル人が持ち込んだとなっている。中学生は歴史の授業で「1543年、種子島、ポルトガル人」を暗記させられる。この鉄砲伝来のいきさつは江戸期の文献『鉄炮記』に書かれており、『増修洋人日本探検年表』に現代語訳が所収されている。

ただ先に火縄銃が伝わっていた東南アジアや中国からも、東アジアで活動していた倭寇などを通じて日本に入ってきたようだ。火縄銃の伝来は「1543年、種子島、ポルトガル人」という単線ではなく、実際には東南アジアや中国と日本の間を倭寇や商人たちが結んだものも含めた複線的なものだった。「1543年、種子島、ポルトガル人」はその中の1つということになる。

こうして欧州の軍事技術が日本と結び付くが、これは通商・貿易の副産物といっていい。戦国時代の日本では、需要に応じて鉄砲の大量生産が始まった。しかし当時の日本が国内で生産できなかったものが2つあった。

1つは火薬の原料である硝石だ。硝石は木炭・硫黄とともに黒色火薬の原料だが、木炭や硫黄と異なり硝石は日本での産出量が少なく、戦国時代の火薬需要急増には輸入で対応せざるを得なかった。

弾丸の材料である鉛も、日本の産出量では急増する需要に追い付かず、中国や東南アジアからの輸入が増えている。

もう1つは大砲である。少数の大筒は作っていたが、西洋的な大砲の大量生産は行われなかった。大砲は重くて機動性を欠くことから、陸上で用いるには不便だ。西洋でも大砲はまず、艦載砲として用いられた。

ところが日本の戦国時代は陸上戦闘が主体だ。海戦も瀬戸内海を支配した村上水軍、伊勢湾や大坂湾で活躍した九鬼水軍、房総半島の里見水軍では小舟での集団戦が主だった。大坂沖合で起こった第2次木津川口の戦い（1578年）では、織田信長方の九鬼水軍は大船に大砲を載せて戦いに臨み、大坂の石山本願寺方についた毛利水軍・村上水軍の連合軍に勝った。しかし大船は7隻のみで、その後の日本水軍の標準とはならず、戦国の世が終わると1635年には大船の建造そのものが江戸幕府によって禁止された。

つまり戦国の日本では、あえて大砲を作る積極的な理由がなかった。

しかし大砲の需要が全くなかったわけではない。大坂の陣（1614・15年）では徳川方がオランダ製・イングランド製の大砲を城内に撃ち込んだ。これが淀殿に仕えていた侍女の戦死を招き、豊臣方が堀を埋める和睦を受け入れる原因となる。

また島原の乱（1637～38年）では、幕府側の総大将・松平信綱はオランダ船に海側からの原城砲撃を依頼している。

このように城攻めでは、機動性に欠ける大砲も使い道があった。

オランダ商館と日本

当時の主な大砲生産地はベルギー（フランドル）、ドイツ、イタリアなどだ。フランドルとドイツ製の大砲の多くは、世界の海洋覇権を握っていたポルトガルとスペインに輸出された。これが船舶に搭載されたことから、イスラム勢力や海賊を排除できるようになり、喜望峰周りのインド航路開拓につながった。

遅れて17世紀には、欧州全体に戦禍をもたらした三十年戦争（1618～48年）が引き金となってスウェーデンが大砲生産国として台頭する。これにオランダの資金力が結び付いた。

そのうちオランダは自国で大砲の製造を行うようになる。当時の大砲は青銅製で、その原材料は錫と銅である。錫の輸入元はイングランドとドイツで、銅のそれはスウェーデンと日本だ。

銅の年間産出量は、16世紀にはドイツが2000トンだったが、17世紀半ばにはスウェーデンのそれが3000トンとなった。しかし17世紀末には日本が5000トンを超えて、世界最大の銅生産国となる。この4分の1は、現在の愛媛県新居浜市にある別子銅山によるものだった。

別子銅山を開発していた泉屋は、後の住友財閥の源流である。住友家が収集した世界的にも貴重な美術品を所蔵・公開している、京都・鹿ヶ谷の美術館「泉屋（せんおく）博古館」にその名が残っている。

日本から輸出される銅はオランダ東インド会社が取り扱い、一部はインドからオランダに輸入する綿織物の支払いにも充てられた。

当時オランダは、三十年戦争とオランダ独立戦争（1568～1648年）を終えたものの、ネーデルラント継承戦争（1667～68年）、スペイン継承戦争（1701～14年）など戦乱続きだったことから大砲を必要としていた。戦国時代が終わり泰平の時代を迎えた日本が、遠く東アジアから大砲製造の原材料を供給していたわけだ。

１６０９年に平戸で開設されたオランダ東インド会社の商館は、１６４１年に長崎出島に移転されるまでその地にあった。平戸商館は一般商品の他に、武器や日本人傭兵の東南アジア輸出も扱っていた。通常の貿易の他に、マカオと長崎を結んでいた商売敵ポルトガル船への攻撃や、武器や傭兵の東南アジアへの輸出を担うなど、軍事拠点としても機能した。

平戸の商館はオランダ東インド会社にとって重要な存在で、１６３７年の記録では会社全体の利益の実に7割を平戸商館が上げていた。

イエズス会と武器貿易

欧州から日本に届いたものは、火縄銃だけではない。やはり中学生は「１５４９年、フランシスコ・ザビエル、キリスト教伝来」も覚えさせられる。キリスト教の宣教師が、火縄銃に一足遅れて日本にやってきた。

もっとも宣教師たちは、純粋に信仰と布教への熱意に駆り立てられて地球を半周したわけではない。イエズス会の主な収入源は、主にローマ教皇の援助（全体の2分の1）とポルトガル王からの喜捨（同6分の1）だったが、それでは運営に必要な資金の3分の2しか賄えない。足りない分は、マカオから日本に向けた生糸貿易による収入が補った。

ただしこれは、ローマ教皇の認可を得ていない密貿易だった。きれいごとだけでは、布教もままならない。

イエズス会士が日本での布教活動を始めたのは戦国時代に当たる。彼らが布教の承認を大名に求めると、交易や武器の話が必ず出る。イエズス会にとって、交易や武器の輸出は「布教の手段」だった。むしろ彼らは、戦国の日本では、贈答品としての武器が大きな力を発揮することを見抜いていた。

フランシスコ・ザビエル（１５０６〜52年）は１５５１年4月に大内義隆（１５０７〜51年）から周防（山口県東南部）での布教許可を得た際、望遠鏡、置時計、ギヤマンの水差し、眼鏡など西洋から持ち込んだ物品に加えて三砲身燧石銃を献上している。これは砲身を３つ束ねて、火縄ではなく火打石で発射薬を爆発させる銃だ。

ザビエルは織田信長には地球儀を献上した。これは「地球は丸い」ことが、初めて日本に伝わった出来事と見られている。

豊前・筑前（福岡県と大分県北西部）の守護から戦国大名となった大友宗麟（１５３０〜87年）は、１５６７年には在マカオのイエズス会に日本では産出しない硝石の供給を要請した。宗麟は硝石の見返りとして、毛利輝元との戦いに勝利した暁には毛利領である長門（山口県西部）でのイエズス会士保護を約束している。また彼は翌１５６８年に在マカオのイエズス会士に大砲を要求し、その時には領内でのイエズス会士とポルトガル人の保護を約束した。

その宗麟自身も１５７８年に洗礼を受けてキリスト教徒となっている。ただ宗麟は１５６２年に出家しており、「宗麟」というのはその際に号した法名だ。仏も神も鷹揚なところがある。

日本で最初のキリシタン大名は肥前（長崎県・佐賀県）の大村純忠（１５３３〜87年）で、やはりイエズス会士から１５６３年に洗礼を受けた。１５７０年に長崎港を開設した純忠は１５８０年に長崎をイエズス会に寄進し、長崎は教会領となった。

イエズス会はこの教会領に教会を建てる。これは宗教施設の他にマカオから輸入する生糸の倉庫と取引所、後で見るように人身売買の証書発行所も兼ねていた。「マカオ－長崎」の生糸貿易はイエズス会の統制下に置かれ、ポルトガル商人もそれに服さなければならなかった。この売り上げは、先に述べたイエズス会の収入不足を補填する。

ザビエルは1551年11月に日本を離れるが、後を継いだイエズス会士たちは長崎を教会領から踏み込んでスペインの植民都市にしようと考えた。

また当時のポルトガルやスペインは、世界各地で人身売買・奴隷貿易を行っており、日本も例外ではなかった。ただ人身売買が「合法」である必要がある。その証書を発行したのはイエズス会士で、手続きには長崎の教会も使われた。

当時のキリスト教には「正しい戦争」という考え方があり、それに従うとキリスト教徒（キリシタン大名）が戦争で捕らえた非キリスト教徒は無権利でかつ合法的な奴隷だった。このため捕虜となった非キリスト教徒を売買しても、咎（とが）めを受けることはない。

こうなると、豊臣秀吉でなくても宣教師を追放したくなる。あまつさえ秀吉が1587年7月に「伴天連（バテレン）追放令」を発布すると、イエズス会は大村純忠の甥でキリシタン大名の有馬晴信（1567～1612年）と組んで秀吉に対する武力対決を画策した。

ただ秀吉の方も朝鮮出兵（1592・93年）に際しては、ポルトガルに海上輸送の支援を期待していたらしい。その後は徳川家康が1612年に幕府直轄地に向けて出した「禁教令」を翌年には全国に広め、徳川家光が1633年に「鎖国令」を発布した。こうして日本と欧州の戦争に関わる通商・

貿易は幕末まで途絶えることになった。

―2― 総力戦と通商・貿易

弾幕射撃と一発必中

どうも日本は武器の輸出は苦手のようだ。戦国時代にはあれほどの鉄砲を生産しておきながら、輸出商品としてはむしろ日本刀の方が目に付く。それも大量に輸出されたわけではない。

明治に入ってからも、「軍器独立」を唱えて武器の国産化は進められたが、日本製の武器が大々的に外国に輸出されることはなかった。戦後には「武器輸出三原則」や武器輸出の自粛で武器輸出そのものが制度的に止められた。

武器輸出が苦手な理由がいろいろ考えられるが、日本人の性癖が関わっているかもしれない。日本の武器は一般に手の込んだ緻密なものだが、きめの細かい職人技がそれを可能としている。利用者の方でも、武器の利用方法は昇華されて「術」や「道」となる。製造の匠と利用の術・道の組み合わせだ。

ところが17世紀頃の欧州では、「四〇メートルの射程でも、マスケット銃兵のかなりの割合は目標を外したのである」（ジョン・キーガン『戦場の素顔』）。したがって「マスケット銃兵は、一人の敵を狙うのではなく、敵の集団を狙う訓練を受けていた」（同『戦略の歴史』）。「下手な鉄砲も数撃ちゃ当たる」式の弾幕射撃だ。

しかし日本の火縄銃運用では一発必中が重視された。つまり火縄銃の射撃も武芸の延長にあり、戦国時代に編纂された『稲富流砲術秘伝授書』の射撃指南は、犬追物の弓を鉄砲に持ち替えたようなものになっている。長篠の戦いでの鉄砲の集中運用は西洋的で、これとは一線を画する点で画期的なわけだ。

これが日本の武器のガラパゴス化を招いたのではないか。術・道にこだわると部分最適を追求するようになる。輸出されず市場競争にさらされないことから、ガラパゴス化は一層進展する。

現実の戦場では、過酷な環境でろくに手入れもせずに長期間放っておいても、いざとなれば多少精度は悪くても稼働する武器が求められる。また術・道を究めた玄人に好まれるものよりも、徴兵された素人兵士でも扱いやすいものが望ましい。ロシアのカラシニコフAK－47自動小銃はその好例で、正規品は勿論のこと模造品も世界中で製造・売買されている。

明治・大正期の日本の武器貿易

それでも明治期には、日本の武器輸出に2つの山が見られる。1つは明治維新直後で、戊辰戦争終結で不要となった輸入銃処分の一環として行われた。幕末・維新期には37万挺の洋式銃が欧米から輸入され、そのうち半分が兵部省によって回収された。未回収の銃には、その後の士族反乱や西南戦争で使われたものもあっただろう。

兵部省が回収した分の半分は旧軍創設時に利用され、残りは廃棄や輸出に回された。また陸軍に配備された輸入銃も、小銃の国産化が進むと廃棄または輸出に向けられた。詳細な記録は残っていないが、こうして明治初期には清国や韓国（当時は清国の冊封国）に輸出または寄贈されたようだ。

2つ目の山が明治30年代半ばで、国産の小銃を中心に清国、韓国、シャム国（現在のタイ）に輸出された。この間には日露戦争があり、日本としても武器の需要が逼迫していた。しかし意外にも、日露戦争中も少量ながら武器の輸出は行われた。

大正期に第一次世界大戦が起こると、日本はロシア・フランス・英国から大量の武器提供依頼を受けた。小銃の要求量を見てもロシアが30万挺、フランスと英国がそれぞれ数十万挺ずつである（実際の供給は表7－1の通り）。

ただ問題は、当時の日本の小銃生産能力が年間20万挺だったことだ。欧州各国は戦線の拡大に直面して一刻も早い武器の輸入を希望していたが、日本の生産能力がそれを許さない。そこで砲兵工廠の生産設備拡大を踏まえた数カ年計画を示すと、武器を売り惜しみしているとの疑念を持たれたりもした。

変わったところでは、1915（大正4）年6月にはフランスから武器生産拡大のため、日本人の工員1000人の派遣要請があった。今風にいえば人材派遣だが、これには日本側もフランスの武器製造工程習得の機会と捉えて前向きに検討した。しかし連合国からの武器供給要望に応える必要から、日本も工員を派遣する余裕がなくなり沙汰止みとなる。

表7-1　第一次世界大戦時の日本の武器輸出

	小銃	機関銃	野戦砲	海軍艦艇	金 額
英国	10万挺				530万円
フランス	5万挺			駆逐艦12隻	2,718万円
ロシア	82万挺		817門	海防艦2隻 2等巡洋艦1隻	2億円
中国	22万挺	464挺	258門		(2,421万円)

注：ロシアに輸出した艦艇3隻は、すべて日露戦争の戦利艦。中国向けの武器輸出は1917年11月以降の分のみ。また金額は一部が未払いである。参考までに、大正6（1917）年度の一般会計予算歳入額は10億8496万円

出所：芥川哲士（1987）「武器輸出の系譜（承前）——第1次大戦期の武器輸出」『軍事史学』第22巻第4号、芥川哲士（1992）「武器輸出の系譜——第1次世界大戦期の中国向け輸出」『軍事史学』第28巻第2号より作成

海軍艦艇ではUボートに悩まされていたフランスに駆逐艦を輸出した。日本にとって初めての欧州向け国産艦艇の輸出だった。加えてロシアには日露戦争で獲得した戦利艦3隻を売却している。いうなれば軍艦の里帰りだ。ただしタダではない。

第一次世界大戦時の武器輸出金額は2億6000万円で、大戦が終結した大正7（1918）年度の一般会計歳入の18％に相当した。その後、これほどの大規模な武器輸出が行われるのは朝鮮特需まではない。

朝鮮特需による武器（関連品を含む）の受注総額は、1951～55年の5年間で659億円だった。これは朝鮮戦争が休戦した昭和28（1953）年度一般会計歳入の5％に相当する。

朝鮮特需では、武器以外の軍需品（輸送用車輛、陣地建築用資材など）や役務（武器・資材の修理、軍需物資輸送など）の受注額は武器のそれを上回っていた。武器の比率が低かったのは、米軍自身が第二次世界大戦で大量生産した余剰武器を抱えていたことも原因と思われる。

潜水艦の登場と海上封鎖の新展開

第一次世界大戦では、飛行機・戦車と並ぶ新兵器として潜水艦が登場した。そして潜水艦によって、海上封鎖もそれまでとはまったく性質の異なるものに変化した。

ただ第一次世界大戦でドイツがそれに踏み切る経緯は少し複雑だ。

初めに動いたのは英国の方だった。1914年11月に北海全域に機雷を敷設して、ドイツへの商船航行を妨害した。さらには、機雷を避けて英仏海峡経由でドイツに物資を運ぶ船舶を臨検・拿捕した。英国は民間消費用の食料も「戦時禁制品」に指定したことから「飢餓封鎖」と呼ばれ、ドイツの食料事情は急速に悪化した。

ドイツの「無制限潜水艦作戦」は、これへの対抗措置だった。ドイツは1915年2月に敵国の商船に対して無警告での潜水艦による攻撃を宣言する。さすがにドイツ国内でもこの作戦には反対論があった。開戦当初は中立だった米国が、これを機に連合国側に立って参戦する可能性があったためだ。海軍大臣アルフレート・フォン・ティルピッツら賛成派がこれを押し切るが、その年の5月に英国の大型客船「ルシタニア」がUボートに撃沈された。犠牲となった1098人の中には米国人128人が含まれていたことから米国で反独世論が湧き起こり、ドイツは無制限潜水艦作戦を9月に中止した。

ところが戦争が長期化すると、ドイツ国内では潜水艦作戦で英国を経済的に締め上げようとする意見が再び台頭してきた。こうしてドイツは1917年2月に、英仏周辺海域と地中海全域を対象にした無制限潜水艦作戦を再度宣言する。翌月中旬に米国の商船3隻が無警告でUボートに撃沈されると米国の世論は再び反独に大きく傾き、4月に米国はドイツに宣戦布告した。

当時のドイツ海軍は、英国に向かう商船を毎月60万トン以上撃沈すれば、5カ月で英国は屈服すると弾いていた。実際に1917年4月からの5カ月でUボートに沈められた英国向け商船は324万トンに達した。しかし英国は屈服しなかった。

これは銃後と前線、双方での対策が功を奏した結果だった。銃後の対応は、耕作地開拓による食料自給力向上と食料配給の実施だ。前線では商船運航への「護送船団方式」の採用がある。米国の参戦で、護送船団には米国の駆逐艦を割り当てることが可能となった。

護送船団方式は米国が参戦した翌月の1917年5月に採用され、夏以降には効果が表れた。同年9月からの4カ月間に150万トンの商船がUボートに撃沈されたが、これは単月当たりの被害にすると4割以上の減少である。また英米両国を合計すると、商船の建造量が損失分を上回るようにもなった。

逆にドイツの方は、英国による海上封鎖に対抗できなかった。戦争前のドイツは小麦の約3割、飼料用大麦の半分弱を輸入に頼っていた。その主な輸入相手国はロシア、米国、カナダ、アルゼンチンなどで、アルゼンチン以外は戦争で敵に回った。

これに男性農民の6割が徴兵されるという農業労働力の減少、軍馬として農耕用馬匹の徴発約100万頭が加わり、農作物の国内生産も1918年には戦前に比べて穀物で4割弱、主食のジャガイモで5割以上減少した。

こうして食料供給は輸入も国内生産も大きく減少したことから、腹が減ったドイツ人は戦どころではなくなった。1915年辺りからドイツでは、都市部で食料デモ・食料暴動が起こる。

銃後だけではない。海軍でも平民出身者である兵士には既定の半分しか糧食が提供されない一方、貴族出身者が多い将校には通常の将校用兵食が提供され続けたことから、食料盗難や水兵によるストライキが頻発した。1918年11月3日にキール軍港で生じた水兵の反乱は、全国に飛び火してドイツ革命となる。

11月9日に皇帝ヴィルヘルム2世は退位し、11月11日の午前11時（パリ時間）に停戦となった。ドイツは国家規模での兵糧攻めにしてやられた。

米国の「武器貸与法」

１９３９年9月1日のナチス・ドイツによるポーランド侵攻で始まった第二次世界大戦では、米国は参戦国としてのみならず、連合国の兵器廠として大きな役割を果たした。米国が宣戦布告をしたのは、１９４１年12月7日（米国時間）の日本による真珠湾攻撃の翌日だが、それ以前にも大量の武器を提供することで連合国に貢献していた。

ただモンロー主義に代表される孤立主義の伝統が強い米国では、１９３５年8月に「中立法」が制定され、大統領が戦争の存在を認めた場合には交戦国向けの武器や軍需物資の輸出を禁じた。これは欧州でのファシズム台頭や日本による満州事変（１９３１～32年）などを受けたもので、外国での戦争に巻き込まれるのを回避することを目的としていた。

しかし１９３９年9月にナチス・ドイツがポーランドに侵攻して第二次世界大戦が勃発すると、11月に新しい「中立法」が成立した。これにより米国は、輸入国が自国船を用いて現金払いで決済する限り、非軍事物資の輸出を交戦国相手にできるようになった。

１９４０年8月、米国は大西洋・バミューダ海域にある英国領で米国海軍用の基地用地を借り受けるのと引き換えに、英国に旧式駆逐艦50隻を譲渡する。この年の6月にはフランスがドイツに降伏しており、ドイツの脅威が大西洋に迫っていた。このため米国は、これらの基地を大西洋の哨戒拠点として必要としていた。

さらに１９４１年3月11日には「武器貸与法」が議会で承認される。この法律によって、米国大統領は軍需品移転の権限を議会から認められた。その上限金額についても、戦争の進展に伴い順次見直された。

当初「武器貸与法」は英国などを支援するために制定されたが、独ソ戦が始まるとソ連も対象となり、日本と戦争状態にあった中国（中華民国）にも同法が適用された。

第二次世界大戦中の「武器貸与法」で提供された支援物品のうち英国向けが4割強、ソ連向けが3割弱で、残りは他の欧州諸国や中南米・アジア・中東などに向けられた。対象国は44カ国に上るが、当然ながら英国とソ連向けの援助が抜きん出ていた。「武器貸与法」での提供品目には、武器以外の資材や食料も含まれる。英国が受け取った支援品の4分の1は食料・農産物だった。

ソ連では1942～44年の間に配備された戦車の10％、軍用機の15％、トラックに至っては75％が米国から供与されたものだった。金額にすると、1942年の米国からの武器供与はソ連の国防支出（≒戦費）の13％に相当し、1943年には15％、1944年の値は27％に上った。

冷戦時のソ連や現在のロシアは、米国による軍需品供与を高く評価していない。しかし為政者がどのように取り繕おうとも、数字は静かに事実を物語る。

この施策は、第二次世界大戦終結とともに終了した。

その77年後、ロシアのウクライナ侵攻を受けて、米国は「2022年ウクライナ民主主義防衛・武器貸与法」を制定した。これはウクライナや東欧諸国などへ迅速に支援を行うことを目的としていた。なお同法が成立した5月9日は第二次世界大戦におけるロシアの対独戦勝記念日で、毎年モスクワの赤の広場では盛大な記念式典が行われる。意図してかしないでか、米国はウクライナ支援のための新たな「武器貸与法」の制定日を、この日にぶつけてきた。

日本の「女装」巡洋艦

日本は島国なので、英国と同じように海上封鎖・通商破壊（商船攻撃）には脆弱である。このような日本が、初めて本格的な通商破壊攻撃を受けたのは日露戦争の時だ。ウラジオストクを拠点としていた巡洋艦隊（浦塩艦隊）は、開戦直後から朝鮮半島沖で活動し、商船などを攻撃していた。

上村彦之丞・司令長官の率いる第2艦隊が対処を命じられたが、濃霧に阻まれて浦塩艦隊を逃し、この間にも通商破壊の被害が生じた。そして1904年6月15日に、遼東半島に向けて兵員や軍需品を輸送していた陸軍の徴傭輸送船「常陸丸」が、浦塩艦隊に撃沈される。「常陸丸」は三菱長崎造船所で建造され、1898年6月の竣工当時は最大の国産商船だった。日本の世論は上村艦隊をロシアのスパイを意味する「露探艦隊」と呼んで強く非難し、帝国議会でも問題となった。今も昔も大衆はいったん扇動されると手が付けられない。

その後も浦塩艦隊は、津軽海峡の太平洋側や東京湾沖などに出没して商船を撃沈した。これは、8月14日の蔚山沖海戦で浦塩艦隊が第2艦隊に敗北するまで続く。

兵站軽視は日本のお家芸のように言われており、太平洋戦争での日本海軍は通商破壊に使うべき潜水艦を艦隊決戦に充てたと非難されている。しかし緒戦期には、日本の潜水艦は通商破壊作戦にも投入された。

真珠湾攻撃の前に日本海軍は、潜水艦を南太平洋とアリューシャン列島の偵察に各1隻ずつ割り当てた。広大な海域を潜水艦1隻で偵察するというのも大変な話だ。その後この2隻は通商破壊作戦実施のためにハワイ・米本土間に移動。真珠湾攻撃後に商船を1隻ずつ撃沈して米国西海岸に移動した。米国西海岸では、この2隻を加えた計9隻の潜水艦で通商破壊が行われた。この作戦は1942年1月11日に終了し、商船11隻を撃沈している。トン数にするとハワイ・米本土間で撃沈した2隻も含めて約7万5000トンだ。さらに同年4月頃までの約5カ月間に東南アジア方面で15万トン、同年5月から7月にかけてオセアニア・インド洋方面で13万トン撃沈の成果を上げた。

その後は日本の潜水艦は主に戦闘行動に従事し、軍用輸送船を攻撃することはあったが、民間商船への攻撃は散発的なものに留まった。

この他に日本海軍は、商船に武装を施した仮装巡洋艦14隻を南シナ海・南太平洋・インド洋に展開して通商破壊に当たらせた。

仮装巡洋艦は元々商船のため、軍艦とまともに戦ったら一溜まりもない。速力も軍艦に比べると遅いので、「三十六計逃げるに如かず」というわけにもいかない。そこで敵の軍艦に出くわすと、艦内に「非番直員女装用意」の命令が出される。連合国の客船を装うため、乗員の一部が女性船客を演じて敵艦に手を振るわけだ。仮装が転じて「女装」巡洋艦となるのだが、こうなると女装も命懸けだ。

これら仮装巡洋艦は、多少の戦果を上げたが長く続かなかった。商船の被害が増大したことから、仮装巡洋艦は通商破壊の任務を解かれて輸送任務に就く。14隻のうち終戦まで残ったのは1隻だけで、あとはすべて撃沈された。せっかく戦争を生き延びた残りの1隻も、終戦直後の8月24日に舞鶴で機雷に触れて沈没した。

なお日露戦争の日本海海戦で、バルチック艦隊を発見して「敵艦見ユ」の電報を発信した「信濃丸」も、海軍が日本郵船から徴用した仮装巡洋艦だった。

表7-2　太平洋戦争時の日本の船舶・石油事情と日本人の栄養摂取量

	開戦時	昭和17年度	昭和18年度	昭和19年度	昭和20年度
船舶建造量	——	36万トン	109万トン	159万トン	18万トン
船舶喪失量	——	125万トン	256万トン	348万トン	105万トン
可動船舶量	530万トン	471万トン	341万トン	156万トン	56万トン
石油輸入量	——	1,052万 bbl	1,450万 bbl	498万 bbl	0bbl
石油在庫量	4,300万 bbl	2,533万 bbl	1,382万 bbl	303万 bbl	31万 bbl
栄養摂取量	2,105kcal	1,971kcal	1,961kcal	1,927kcal	1,793kcal

注：可動船舶量は年度末時点の値。ただし昭和20年度の値は7月15日時点のもの。なお船舶には拿捕で獲得したものもあり、それは可動船舶量に反映されている。「石油」には原油の他に精製品を含む。昭和20年度の石油在庫量は終戦時の陸海軍保有分で、民間保有分を含まない

出所：J.B. コーヘン（1950）『戦時戦後の日本経済 上巻』〔大内兵衛訳〕岩波書店、法政大学大原社会問題研究所編（1964）『太平洋戦争下の労働者状態』東洋経済新報社、The United States Strategic Bombing Survey（1946）*The Effect of Strategic Bombing on Japan's War Economy*, Washington D.C.: U.S. Government Printing office より作成

誠に寒心すべきものあり

対する米国の潜水艦は、1942（昭和17）年を通じて80隻の潜水艦を太平洋に展開して月間平均5万トンの日本商船を撃沈した。米軍はその後、潜水艦による通商破壊の態勢を整備し、1943年には120隻ほどの潜水艦で月間平均11万トン、1944年には潜水艦140隻で月間平均20万トンの日本商船を撃沈している。さらに米軍は航空攻撃による通商破壊も行い、その戦果は潜水艦の撃沈トン数の半分強に達した。

日本の通商破壊が点や線であったのに対して、米国のそれは面としての広がりを持っていた。

戦争中は日本も商船建造に努めたが、米国の攻撃による損失にはまったく追い付かなかった。その結果、終戦時の可動船舶量は開戦時の1割に減少する（表7－2）。あまつさえ日本の近海には米軍が機雷を敷設したので、残された商船も安心して航行できない。

商船の激減は継戦能力や国民生活を直撃する。戦争に不可欠な石油の在庫は、1945年3月の時点には開戦

時の７％（303万バレル）しかなかった。１９４３～44年には、陸海軍合計で年間２５００万～３０００万バレルの石油を消費した。これには産油地の東南アジアで消費した分、つまり地産地消分が含まれている。陸海軍が日本国内で消費した分に限ると、年間１５００万～２０００万バレルになる。日本周辺で作戦行動をするには、これだけの石油が必要ということだ。海上封鎖で南方からの石油輸送もままならないとなると、これはもう戦争にならない。

食料事情も１９４５年に入って急速に悪化した。ソ連が「日ソ中立条約」を無視して侵攻を開始し、長崎に原爆が落とされた8月9日の臨時閣議で、石黒忠篤農相は「食糧は非常に困難となり、飢餓の状態は止むを得ない。殊に動員兵の民家に食をあさるに至りしは、誠に寒心すべきものあり」（外務省編『終戦史録』）と発言している。

太平洋戦争末期の日本は、もう少しで第一次世界大戦のドイツのようになるところだった。

―３―新しい傾向

石油ショックと先進国首脳会議

戦争状態になくても経済的な手段を用いて国際政治上の利益を追求することは、近年でも頻繁に行われている。２０１０年9月に中国が尖閣諸島問題に絡んで、希土類（レアアース）の対日輸出を一時全面的に禁止したことはその一例だ。

いうなれば「平時の兵糧攻め」で、「経済的威圧」「エコノミック・ステイトクラフト」などと呼ばれている。現代における最も有名な例は、第４次中東戦争で石油輸出国機構（ＯＰＥＣ）が実施した石油減産・禁輸措置（第1次石油ショック：1973年10月）だ。

1973年10月6日に第4次中東戦争が勃発した。これは6年前の第3次中東戦争でイスラエルに占領された領土の奪還を目指して、エジプトとシリアがイスラエルに対して奇襲攻撃をかけたものだった。両者の対立に米ソは武器の提供などで長く関わっており、イスラエルとアラブ側はそれぞれ数百機・数百両の航空機や戦車を受け取っていた。北朝鮮もエジプトの航空基地防空用にパイロットを派遣している。

奇襲の効果もあり初めはアラブ側が優勢だったが、徐々に戦況は逆転する。そこで10月16日にOPECは原油価格を1バレル3・01ドルから5・12ドルへ引き上げた。これは翌年1月には11・65ドルとなり、戦争前の4倍近い価格となる。

それまでは欧米の大手石油資本（石油メジャー）が石油価格を操作してきたが、その主導権は産出国が握るべきだという「資源ナショナリズム」に則った結果だ。併せてアラブ石油輸出国機構（OAPEC）は、イスラエルを支持する国への石油禁輸を決定した。

これが引き金となった「トイレットペーパー買い占め騒動」に日本中が翻弄されたが、この発祥の地となったのが2023年4月に閉店した大阪・千里中央のスーパーマーケットだった。

石油価格の高騰が世界経済に与える影響について先進国6カ国（日・米・英・西独・仏・伊）で協議するため、1975年11月にフランスのランブイエで開催されたのが、第1回先進国首脳会議（第2回からカナダが参加してG7）である。

ちなみに2019年に始まった新型コロナウイルス感染症の世界的流行でも、誤情報がソーシャル・ネットワーキング・サービス（SNS）で拡散して、今度は世界規模でトイレットペーパー買い占め騒動が発生した。

総合安全保障

第１次石油ショックが１９７３年10月に生じた時、日本の石油輸入の中東依存度は80％に近かった。一般家庭のエネルギー消費の３割以上を灯油が占めていたことから、当時の田中角栄内閣は時間的余裕が限られる中、石油の価格上昇が灯油の暖房需要に与える影響を抑えるのに躍起となった。

その５年後に生起したイスラム革命で１９７９年４月に成立したイランの新政権は、資源保護を目的に石油生産額を大幅に減らした。これに同調してＯＰＥＣも増産に慎重な姿勢を取ったことから世界的な原油不足を招いた。原油の平均価格は１バレル15・８５ドルから１年で39・５ドルに上昇し、これは第２次石油ショックと呼ばれた。

戦時でなくても経済封鎖に匹敵する大打撃を被り国民生活の安全が脅かされたことから、日本では昭和50年代に「総合安全保障」に関する議論が盛んとなった。大平正芳首相の下に設置された有識者による政策研究会がまとめた報告書『総合安全保障戦略』（１９８０年８月）もその１つだ。この報告書では冒頭にあるように、「国民生活をさまざまな脅威から守る」ことに主眼が置かれている。

報告書の中では、外交・防衛以外の経済に関連する項目として、エネルギーと食料の安全保障が挙げられている。エネルギーと食料を海外に依存する日本にとって、これらの供給途絶は国民生活への脅威と認識された。まさに平時における「国家規模の兵糧攻め」に対する「生存維持の確保」を目指していた。

この報告書も含め当時の総合安全保障に関する議論は、２度にわたる石油ショックの影響は明らかだが、それに加えてベトナム戦争後の相対的な米国の国力低下の影響も強く受けていた。逆に日本は高度成長期を過ぎたとはいえ高い水準の成長を続けており、そのための環境整備は自らが主導して行うことができるといった自信が国内にみなぎっていた。

経済安全保障と半導体

日本では、2022年5月に「経済安全保障推進法」が成立した。そこでは「経済活動に関して行われる国家及び国民の安全を害する行為を未然に防止」し、「特定重要物資の安定的な供給の確保」が謳われている。

この「特定重要物資」は、伝統的にはエネルギーや食料などの一次産品だった。しかし地球規模で水平分業が進んでいる今日、工業製品も部品の供給が途絶えるリスクを抱えている。2022年12月に閣議決定された「国家安全保障戦略」には半導体の供給確保、具体的には供給網の強靭化と開発・製造拠点整備が記されている。

コロナ禍後に自動車需要が回復しても、自動車向け半導体の供給がすぐには追い付かず、各国で自動車工場が生産停止に追い込まれた。自動車産業は部品や販売などの関連産業も含めると、一国経済に与える影響は大きい。半導体の供給網維持が、国の経済を左右する「経済安全保障」の問題として浮かび上がった。

最近の日本での半導体メーカーの設備投資拡大も、この路線に沿ったものだ。しかし半導体の影響は民生産業に留まらない。

２０２２年2月に始まったロシアによるウクライナ侵攻を通じて、「半導体供給の戦略性」が改めて認識された。侵攻直後に西側各国が実施した対露輸出規制の品目には、半導体やその製造装置・原材料などが含まれていた。

ウクライナが侵攻を受けた当初は、比較的短期間に全土が制圧されるか、もしくは停戦合意に達すると思われた。したがって半導体関連の輸出規制も、ロシア経済に制裁を加えることが主目的だった。しかしウクライナ侵攻が予想外の長期戦となったことから、半導体の輸出規制はロシアの継戦能力を奪う役割も果たした。

前線で使われるハイテク武器の生産・修理には半導体が欠かせない。またウクライナとロシアの双方が多数の軍用・民生用無人機を戦線に投入し、民生用無人機の大量生産に乗り出した。無人機にはイメージセンサーや加速度センサー、マイクロコンピュータ、通信・信号処理用、姿勢制御用、動力制御用などの汎用半導体が使われる。

ＥＵのウルズラ・フォン・デア・ライエン委員長が２０２２年9月の欧州議会での施政方針演説で述べたように、「ロシアは食洗機や冷蔵庫から半導体を抜き取って、軍需品の修理に充てている」。現代では「腹が減らずとも、半導体がなくては戦ができぬ」。

現在の日本の半導体製造業には、１９８０年代のように世界市場を席巻した勢いはないが、半導体の製造機器・関連部材では競争力を維持している。とはいうものの、半導体製造装置でも市場規模が大きい分野では米国やオランダの企業が優位にある。日本には強みを有する部分での技術力を強化して、他の機器・部材調達の交渉力に結び付ける努力が求められる。

このためには、長期的視野に立った技術優位の確立は欠かせない。「経済安全保障推進法」でも1つの章を「特定重要技術の開発支援」に割いている。その根幹をなすのは人材育成だ。バブル崩壊後のあまりに長期的展望を欠いたその場凌ぎの対応で、半導体関連の人材・頭脳を流出させた愚は繰り返されてはなるまい。

防衛装備品との関連では、日本でも装備品の国際共同開発が増えており、今後は日本製半導体が装備品に使われることも多くなるだろう。ハイテク武器でも最先端のロジック半導体やメモリーはそれほど多くは使われていない。むしろ各種センサーが取り込んだ信号を制御したりデジタル変換するアナログ半導体や、電力を制御するパワー半導体が大半を占めている。このパワー半導体は、日本企業が比較的強い分野だ。

民間企業も斯く戦えり

ロシアによるウクライナ侵攻では、各国政府が経済制裁を実施しただけではなく、民間企業も相次いでロシア事業から撤退した。これは広い意味での経済封鎖だが、政府からの指示に従ったものではない。各企業が自主判断で行ったのであり、それ以前には見られなかったことで特徴的だった。

民間企業がこのような行動をとる場合、利害関係者である従業員・株主・取引先・顧客などへのリスクも勘案する。最近では、環境・社会・企業統治（ＥＳＧ）も踏まえた企業価値への配慮も欠かせない。民間企業も「善き企業市民」として行動することが求められる。そのうえでの決断だ。

欧米の大手石油資本などはロシア事業からの撤退を早々に表明し、日本も含めた西側の自動車や情報通信（ＩＴ）機器などの製造業、小売・飲食業などでもロシアでの事業縮小が続いた。

ＩＴサービス関連でもロシアでの事業停止またはロシアからのアクセスを遮断したものがあり、動画配信サイトもロシア国営報道機関を閉め出した。時が経つにつれ、その数は徐々に増えていった。大手企業の中にはロシアでの事業を続けているものもあったが、国際世論を横目で見ながらの判断だった。

この他にも各企業はウクライナ避難民に食料や生活必需品などを提供した。これは一見、戦闘行動とは関係ないようだが、ウクライナ政府の避難民支援の負担軽減につながる。ただでさえ限られた行政資源を戦争目的に投入する必要に迫られているウクライナ政府にとって、このような支援は大きな助けとなったことは確かだ。

もう1つの新しい傾向が、民間企業の中には「経済封鎖」からさらに踏み込んで、「義勇団的行動」をとったものがあったことだ。似たような例に、不特定多数の賛同者をサイバー攻撃に参加させたハッカー集団「アノニマス」があり、彼らはロシアに対してサイバー攻撃を仕掛けた。しかしアノニマスは「民間企業」ではなく、利害関係者は存在しない。ロシアのウクライナ侵攻時には、利害関係者（従業員・株主・取引先・顧客など）を抱える民間企業が行動を起こした。

その一例が、ウクライナのミハイロ・フェドロフ副首相兼デジタル転換相の要請を受けて米国の起業家イーロン・マスクが行った、人工衛星を使ったインターネットサービスの「スターリンク」の対ウクライナ開放だった。フェドロフ副首相が要請したのはロシアの侵攻開始2日後で、その日のうちにウクライナでスターリンクのサービスが提供されている。その内容とともに、対応の素早さが世界を驚かせた。

スターリンクは端末提供も約束し、これはロシア軍の侵攻4日後からウクライナに届き始めた。さらに米国の開発援助機関である国際開発庁（ＵＳＡＩＤ）は、4月初めにウクライナにスターリンク端末5000個（300万ドル相当）を供与。民間企業の義勇団的活動が米国政府を引っ張った形だ。

ウクライナ軍はスターリンクを使って、無人機偵察部隊と砲兵部隊の連携を図っていると報じられた。またウクライナは傍受したロシア兵の会話を米国企業が提供した人工知能（ＡＩ）技術で文章に書き起こして翻訳し、必要な部分を抜き出して作戦に役立てていたようだ。

さらにウクライナ側は別の企業から無償提供されたＡＩ技術を使い、ＳＮＳ投稿などから集めた顔写真データから戦死したロシア兵を特定して家族や友人に伝えた。ロシアでは報道管制が敷かれて戦争被害が公とならないが、こうして戦場の実態をロシアの一般国民に伝えることで厭戦気分を煽ったと見られている。これらのデータ通信もスターリンクが担った。

ただマスクの対ウクライナ支援姿勢は不安定なところがあり、西側政府もそれに振り回されていた。現代では戦時であっても、民間企業はこれ程までに存在感を示している。

民間企業の自発的な行動は、国際的な同調圧力が引き起こしたとはいえ、ブランド価値の毀損を恐れる付和雷同的な傾向も垣間見えた。これは紛争開始と同時に、「ロシアは悪、ウクライナは善」という形が国際世論で出来上がったことが寄与していた。そしてその国際世論の形成に大きな役割を果たしたのがＳＮＳだ。

個々人のＳＮＳ発信も集まると、地球規模での大きなうねりが湧き上がる。これは多国籍企業にとって経済封鎖への圧力となり、時に国家を「兵糧攻め」の危機に陥れる。まさに「千丈の堤も蟻の一穴より崩れる」が如くである。

第8章

傭兵は消え去らず

戦争の公共経済学

16世紀の初め、神聖ローマ皇帝軍の傭兵騎士ゲッツ・フォン・ベルリヒンゲンが行う掠奪に悩まされた商人たちは、皇帝マクシミリアンに苦情を申し出た。その時に傍らにいたワイスリンゲンも、マクシミリアンに以下のように諫言を述べている。

「かれらの目にあまる所行にむくいるのに、帝国軍隊の名誉ある地位をもってするなどということは、危険このうえございませぬ。陛下のご慈愛こそ、かれらがこれまで途方もなく乱用してきたものでございます」（ゲーテ「鉄の手のゲッツ・フォン・ベルリヒンゲン」）。

戯曲中の話とはいえ、皇帝の権威を笠に狼藉を働く傭兵は、さすがに自身の妹の婚約者である幼馴染からも匙を投げられた。

1 最古の職業

「でもしか兵士」

傭兵の歴史は古い。傭兵が職業として成立したのは、人間による共同体が形成されたのとほぼ同時ではないかと考えられている。エジプト古王国（紀元前2650～前2150年頃）で傭兵が用いられた記録があるようだが、それ以前にも傭兵は存在していただろう。

原始的な狩猟経済であっても、共同体がいくつか存在する一方で良質の狩猟場や自生地、水源などが希少であれば、それを巡る争いは避けられない。原始共同体同士の争いでは、武器の優劣は存在しない。したがって、争いに動員できる人数が多いとそれだけで優位に立つ。このため兵士の数を何とかして確保しなければならない。その手段の1つが、外部に人材を求める、いうなれば傭兵の募集である。

傭兵を多く雇うことが、勝利の要件となった。こうなると助っ人として始まった傭兵も、次第に勝敗の鍵を握るようになる。古代文明が成立して統治機構が確立したところでは、統治者が自身の経済力を使って傭兵を大量動員するようになった。傭兵は王族やその周辺にとって部外者であったことから、政権争いに利用される危険が少ないという利点もあった。

古代や中世初期の傭兵と雇用者の関係は、一対一の契約関係で単純なものだった。古代ローマでは、「彼ら（引用者注：傭兵）の労働時間のすべてを賃金と引き換えに国家に売り、彼らの労働能力のすべてを、自分の生命の維持のために必要な賃金と交換した」（カール・マルクス『経済学批判要綱』）。それが封建時代になると、「封土と忠誠」の主従関係にもとづく封建軍が登場する。しかし封建軍が傭兵を駆逐することはなく、両者は併存した。

ところが欧州では軍役免除金という制度ができて、これを払うと封臣は軍役の義務がなくなった。そうなると封建領主は、集めた軍役免除金で傭兵を雇うようになる。「封土と忠誠（軍役）」の関係が「封土と金銭」に変化し、その金銭は傭兵の懐に入った。

「傭兵でもいいか」「傭兵になるしかない」となって雇われた傭兵は「でもしか兵士」で、忠誠で領主と結び付く封建軍に大きく見劣りしそうだ。しかし中世欧州の封建軍には制約が多かった。出陣する際の人数や行動範囲の制限、年間に出陣する日数の上限、それを超えた場合の特別手当支給などである。

現代の労働協約並みの内容だが、ここに市場原理が働く。つまり領主にしてみると封建軍は制約が多く、使い勝手があまりよろしくない。交渉や説得で制約を緩めることができればいいが、これにも手間と時間がかかる。

それならば、「手間と時間を金で解決しよう」となる。時間選好がもたらした規制回避であり、規制緩和に近い効果が得られる。この辺りは行政民営化の萌芽といえるかもしれない。

律令制下の日本では、農民には軍役の義務を負う兵士役（へいしやく）が課されていた。しかし奈良時代の終わりから平安時代の初めにかけて、世襲で地方の行政を担当していた郡司や有力農民の子弟から志願兵を募る健児（こんでい）の制へと変わっていく。健児の定数が定められるなど、これが制度として確立するのは７９

2年のことだ。しかし志願では兵士の必要数が集まらず、一部の地方では兵士役が復活する。

面白いことに9世紀頃の日本でも、農民は兵士銭を納めると兵士役が免除された。平安京の行政・治安・司法を担当した京職は、この兵士銭で傭兵を雇っていた。兵役とカネの関わりに、洋の東西で大きな差はない。また健児もカネで雇った志願兵なので、広い意味では傭兵ともいえよう。

それでも朝廷の兵制が弱体化したことから、地方豪族は自衛手段を講じるようになる。また貴族などにとっても、地方にある荘園の警備をする者が必要となった。こうして朝廷の兵制以外の武士が誕生した。

フィレンツェと傭兵

欧州では傭兵が最も盛んに用いられたのが、プロテスタントとカトリックとの争いが時間とともにハプスブルク家とブルボン家との抗争へと変質した三十年戦争（1618～48年）だ。この時活躍した傭兵の原型は、ルネサンス期のイタリアに求められる。

都市国家フィレンツェは、13世紀中頃にそれまでの貴族制から大商人を軸とする共和制に移行した。これに伴い「封土と忠誠」にもとづく封建制軍隊は民兵制度に取って代わられた。

しかし民兵といっても、普段は農民や商人・職人として働いている戦争の素人、衣だけの「天ぷら兵士」だ。甲冑に身を固めた職業兵士が長槍を抱えて騎乗突進してくると、天ぷら兵士では歯が立たない。また都市国家が割拠する北イタリアでは戦争が相次ぎ、これに民兵が駆り出されると経済活動は停滞する。

そこでフィレンツェでは1325年に、一定金額を納めた市民は兵役奉仕が免除される兵役免除税を導入した。欧州封建制度の下では軍役免除金、平安時代の日本にも兵士銭の制度があったが、この共和制・都市国家版だ。市政府は兵役免除税で傭兵を雇うことになる。

　職業として兵士を選択するのであれば、心身ともに強靭であることが求められ、彼らの厳しい訓練はこのためにある。先ほどまで農作業や商売をやっていた市民が、刀剣や槍を渡されて即席で兵士となるのには無理があった。

　傭兵の場合、強靭な心身に金への執着が付け加わる。イングランド生まれでフィレンツェの傭兵隊長となったジョン・ホークウッド（１３２０〜94年）は、修道士から神による平和と祝福の言葉をかけられると、「わしは戦争で食っているのであって、平和はわしを破壊さすことを知らんのか」と言い返したという逸話がある（フランコ・サケッティ『ルネッサンス巷談集』）。金銭欲は神の摂理をものともしない。ある意味で傭兵は、中世後期にあって世俗的価値観の体現者だった。

　そんなホークウッドでも、フィレンツェ中央部にある花の聖母（サンタ・マリア・デル・フィオーレ）大聖堂を入って左側に、パオロ・ウッチェロの手になる騎馬姿のフレスコ画が掛けられている。縦の長さは人の背丈の優に4倍はある。教会も「あいつは口が悪いけど、フィレンツェを守った功績は認めてやろう」と思ったか。死後には、この大聖堂で国葬も執り行われている。

　柱を挟んだ左隣にも同じ程の大きさの、傭兵隊長ニッコロ・ダ・トレンティーノの騎馬肖像画がある。

　ただし傭兵隊長もいろいろで、フェデリコ・ダ・モンテフェルトロ（１４２２〜82年）のように、神・聖母・聖者に対する冒瀆を許さなかった者もいた。彼は単なる「戦争屋」ではなく、歴史・哲学・建築などにも通じた教養人でもあった。後にフィレンツェの隣、アドリア海側にあったウルビーノ公国の君主となり、文化・芸術の振興にも力を注ぐ。ピエロ・デラ・フランチェスカが左向き横顔の肖像画を描いており、同じフィレンツェのウフィツィ美術館に所蔵されている。

こうしてフィレンツェを含む北イタリアの都市国家では、民兵が姿を消して傭兵が雇われるようになったが、これはフィレンツェ市民と傭兵、双方の経済合理性にかなっていた。

傭兵が破壊したルネサンス

金を払って軍役を避けようとする者がいれば、金をもらって軍務に就く者もいる。傭兵は「金銭的利益のために戦う」ことから契約金が報酬であり、雇用主がそれを払わない、または敵側が高額の報酬を提示する場合には寝返ることがあった。まさに「金の切れ目が縁の切れ目」だ。ただし報酬が唯一の収入ではなく、戦闘に際しての掠奪は傭兵の大きな収入源だった。

近世の欧州では、報酬が支払われても遅延は常態化していた。それも数カ月の遅延は普通で、1年を超える場合も少なくなかった。こうなると傭兵は、掠奪でもしないことには報酬が支払わるまで命をつなぐことができない。

1527年5月に神聖ローマ皇帝軍が教皇領ローマに攻め込んだ。しかし皇帝軍は給料遅配が続き統制を失い、暴徒化した主力のドイツ傭兵らは乱暴狼藉の限りを尽くす。悪名高い「ローマ劫掠」だ。ゲルマン系・東ゴート王国による掠奪（546年）以来の壊滅的な被害を受けたローマでは、翌月に教皇が皇帝軍に降伏した。その結果、ドイツが本拠である神聖ローマ帝国は北イタリアを確保する。

それまでにはルネサンスの中心がフィレンツェからローマに移っており、担い手も市民から教会へと変わっていた。しかし多くの文化財や教会は破壊され、暴行を免れた芸術家たちもローマを離れた。こうして盛期ルネサンスは幕を閉じる。

もっとも給料遅配で掠奪に走るのは傭兵に限らない。16世紀にはスペイン・ハプスブルク領だった現在のベルギー北部にあるアントワープで、駐留していたスペイン軍が報酬の支給が2年も滞ったことから1576年11月に大規模掠奪に走る。「アントワープの大虐殺」と呼ばれる事件だが、この時のスペイン軍は常備軍であり傭兵ではない。

金の恨みが君主ではなく一般市民に向かったわけだ。住民にしてみるといい迷惑どころではないが、これは決して珍しいことではなかった。近代以前の戦争では、傭兵だろうが常備軍であろうが、戦場での掠奪は普通に行われていた。

17世紀には、解雇された傭兵や脱走した傭兵が強盗団を結成して種々の狼藉を働くようになる。こうして傭兵にとって掠奪は、収入の一部分から遅延する報酬を補完するもの、そして生活の糧そのものへと意味合いの幅が広がった。

在家ノ一宇モ残ラズ

日本も似たようなものだ。平安中期に起こった平将門の乱（935～40年）や平安末期の源平の戦い（1180～85年）でも掠奪は行われ、これは鎌倉末期・南北朝（1337～92年）や応仁の乱（1467～77年）でも変わっていない。

南北朝期に活躍した北畠顕家の軍勢は、「元来無慚無愧ノ夷共ナレバ、路次ノ民屋ヲ追捕シ、神社仏閣ヲ焼払フ。惣此勢ノ打過ケル跡、塵ヲ払テ海道二三里ガ間ニハ、在家ノ一宇モ残ラズ草木ノ一本モ無」(『太平記』巻第十九)くなるという有様だった。

1467年には、管領家の跡目争いから中世日本で最長の戦乱となった応仁の乱が起こる。この頃になると、足軽にも平時でも主人から若干の給与をもらい、主従関係を結んでいる者が多くなった。それでは生活するには十分でないので、平時には農作業に従事する帰農兵だ。従軍時には戦功による恩賞への期待もあり、傭兵的な側面も残っていた。もちろん彼らには、恩賞以外に掠奪という副収入がある。大将としても足軽全員に恩賞を与えられないので、彼らの戦意高揚のためにも掠奪は容認されていた。

足軽でも家子郎党や譜代の者たちには、主人から武器や具足が貸与された。しかし戦国の初めの頃には、それ以外の足軽たちは武器・具足や兵糧は自弁だった。そのため彼らにとって掠奪は一種の「現地調達」でもある。しかし戦国後期には兵站が準備され、石田三成のような武将が果たす役割は大きくなる。

戦国時代になっても掠奪・乱取りは正当な行為と見られていた。しかし合戦後に獲得した領地の人心掌握を考えると、掠奪を禁じるのは正しい選択だ。織田信長も上洛時(1568年)に、「警固を洛中洛外へ仰せ付けられ、猥儀ことこれなし」(『信長公記』)となったことで、宮中や都の住民からの支持を得た。

他方で大坂夏の陣(1615年)での幕府軍による乱取りをイエズス会士が本国に報告したことから、遠く欧州では徳川家康の悪党としての印象が強まった。

近代以前とそれ以降では、戦時掠奪の意義がまったく異なっている。古くは兵士の収入源、また給養源として、掠奪は欧州でも日本でも認められていた。言い換えると戦場における経済活動で、士気を維持する手段でもあった。

しかし近代に入ると所有権の概念が確立され、それは戦時であっても侵すことはできないと認識されるようになる。徴兵を基礎とする近代国民軍の兵士には、俸給が与えられ食事も無償で提供されたので、少なくとも「戦場での生活のため」に掠奪に走る必要もなくなった。

こうして近代以降には掠奪は軍規違反・戦争犯罪となり、軍法会議では有罪となる。国際的にも「ハーグ陸戦条約」（１９０７年）や「１９４９年ジュネーヴ第四条約」（１９４９年）で禁止されている。

それでも残念なことに、戦争には掠奪がついて回る。これは現代でも変わっていない。２０２２年2月に始まったロシアによるウクライナ侵攻でも、市街地での戦闘後に掠奪品を物色したり運んだりする兵士の映像が公開された。

傭兵の大量動員

先に述べたように、騎士を主体とする封建軍に比べると傭兵は使い勝手が良い。ここに火器が登場すると、甲冑・長槍・騎馬の組み合わせである騎士は、火縄銃を構える傭兵歩兵にかなわなくなる。ましてや戦争の方は一向になくならないので、16世紀の欧州は完全に傭兵の売り手市場となった。中でもスイス傭兵は勇猛さで名を成し、出稼ぎで各地を転戦した彼らは「血の輸出」と揶揄された。

スペイン継承戦争（１７０１～14年）は、フランス王ルイ14世と神聖ローマ帝国・オランダ・英国との戦争だったが、双方が各々2万人近くのスイス傭兵を動員した。兵士の構成だけを見れば、スイス傭兵同士の戦いだった。

時代は下るが、ヨハンナ・スピリが描く『アルプスの少女』ハイジの祖父「アルムおじさん」も、酒と博打に溺れた若い頃にはナポリで「でもしか兵士」となっている。

三十年戦争では傭兵が入り乱れる中、ボヘミア出身のアルブレヒト・フォン・ヴァレンシュタイン（1583〜1634年）が神聖ローマ帝国の傭兵隊長として活躍する。しかし戦功の一方で彼が率いる傭兵軍は掠奪をほしいままにした。さらには君主であり雇用主でもあった神聖ローマ皇帝フェルディナント2世（在位：1619〜37年）から、占領地での軍税取り立ての許しを得た。こうして「ヴァレンシュタインの軍隊は膨張したが、その軍隊が通過したすべての国々は衰微して行った」（フリードリヒ・フォン・シラー『三十年戦史』）。

ちなみに当時の傭兵団には、兵士とほぼ同じ数の酒保商人（非戦闘員）が付き従っていた。これは第1章（ミクロ経済学）で述べた通りだ。

ヴァレンシュタインが一度に指揮した傭兵は1632年7月の6万人が最多で、この時は行軍だけで戦闘は行われていない。彼が関わった最大の戦闘はリュッツェンの戦い（1632年11月）で、その時に指揮した兵力は2万だった。

確かに三十年戦争は長期にわたる凄惨な戦争で、多くの傭兵が動員されたが、1つの戦場で史上最も多くの傭兵が投入されたのは大坂冬の陣（1614年）と思われる。この時、豊臣方は秀吉が遺した金銀に物を言わせて全国から牢人を10万人集めている。彼らは豊臣家と主従関係になく、金で集められた傭兵だ。ただ10万も集めて籠城すると徳川方が放った間者を排除できず、大坂城内の情報は筒抜けだったらしい。また当時20万人だった大坂の人口に対して、傭兵・牢人の数が多過ぎて社会不安が起こったであろうことは想像に難くない。

傭兵が大量動員された三十年戦争と大坂の陣が、ユーラシア大陸を挟んでほぼ同時期に起こっていた。

２　傭兵から民間軍事警備会社（ＰＭＳＣ）へ

傭兵の衰退

欧州ではある意味で、17世紀の傭兵の活躍がその衰退をもたらしたといえる。三十年戦争と並行して欧州では、オランダがスペインを相手に80年にも及ぶ独立戦争（１５６８〜１６４８年）を戦っていた。国土も人口もスペインに比べてはるかに小さいオランダにとって、頼るべきは傭兵しかいなかった。

しかしこれらが終結して１６４８年に「ウェストファリア条約」が締結されると、傭兵の運用にも変化が生じるようになった。

戦乱が続いて傭兵の需要が高まり無理して数を揃えると、どうしても募集の基準が甘くなる。つまり農民や商人・職人が傭兵となった。何のことはない、傭兵にも「天ぷら兵士」が増えてきたわけだ。

こうして引き起こされた兵士の質の低下は、技量と道徳の両方にまたがっている。兵士としての腕が怪しいくせに、給料が少なかったり遅配となると上官に反抗し、掠奪は相変わらず行われた。

これは傭兵そのものに生じた衰退の原因だが、彼らを取り巻く社会環境もそれを促した。戦争で国土が荒廃すると、土地に基盤を置く封建領主は没落して、相対的に国王の権力が強化された。その傍らで質が低下した傭兵に対する需要は減退する。

こうして絶対王政の下で、職業軍人による国王直轄の常備軍が編成されるようになった。没落した封建領主は宮廷貴族や高級軍人となり、王政・常備軍を支える身分へと変わった。

中世日本の傭兵たち

日本では、戦国時代に雑賀衆や根来衆の鉄砲傭兵が紀州北部を中心に活躍した。雑賀衆は元々有力農民が守護大名や国人領主らの家臣となった地侍であったが、徐々に鉄砲技術に秀でた傭兵として活動した。また海運や貿易も行うなど、「事業集団」の性格も帯びるようになった。

根来衆の起源は、紀州根来寺の僧兵だ。高野山と教義で対立し、南北朝の頃には自衛のため衆徒を僧兵として組織した。室町末期の領地石高は72万石にも達したと見られている。戦国時代には鉄砲傭兵として活動したが、豊臣秀吉の紀州攻め（1585年）で根来寺を焼かれて平定された。

海では村上水軍が傭兵として戦闘に加わるほか、兵士や食料の輸送も請け負っていた。厳島の戦い（1555年）では、陶晴賢2万の軍に毛利元就5000の兵が勝利したのは村上水軍が毛利方に付いたためといわれている。村上水軍は主に機動力の高い小型船や焙烙玉（手投げ爆弾）を使った戦いを得意とした。このため西国の大名にとって、瀬戸内海では村上水軍を味方とすることが必須となった。

欧州に比べると、日本での傭兵衰退は単純だ。つまり戦国の世が終わったので傭兵への需要もなくなった。そのうえ、残党狩りもあった。こうなると海外に逃亡する者や、傭兵として「輸出」される者が出てくる。

日本人傭兵はマカオではポルトガル人に雇われ、フィリピンにいた日本人傭兵は1596・98年のスペイン軍のカンボジア遠征に加わった。当時の東南アジアの港湾都市には、アフリカ・南アジア・東南アジア・東アジア出身の傭兵が欧州各国の商館などに雇われており、日本人傭兵もその一部だった。

その中でも最も有名なのが山田長政（1590～1630年）だ。朱印船でアユタヤに渡った長政は、そこの日本人町の日本人傭兵約300人を率いた。彼らは職業兵士ではなく、普段は商売に従事する天ぷら兵士だが、かつて関ヶ原や大坂の陣などに参陣していた者たちなので戦の心得はある。このため長政率いる日本人傭兵は、2度にわたってスペイン海軍のアユタヤ侵入（1621・24年）を撃退している。この功績で彼はアユタヤ王朝の高官に取り立てられるが、宮中の勢力争いに巻き込まれて毒殺された。

公共財と私的財

経済学の「公共財」とは、一般にいう公共財とは異なる。医療や高等教育は公共性を有するが、経済学で定義する公共財ではない。そこで国防はなぜ公共財で、傭兵はそれに該当するのかどうかを考えてみよう。

経済学では、「非排除性」と「非競合性」という性質のある財・サービスを公共財と呼んでいる。簡単にいえば「タダ乗りが可能」（非排除性）で「誰かの消費が他人の消費量を減らさない：消費が競合しない」（非競合性）ということだ。「公共財」の対義語は「私的財」で、我々が日常生活で売買している財・サービスの多くはこれに当たる。

具体例で考えよう。Aさんが青果店でリンゴを買って食べる場合、他人であるBさんはそのリンゴを食べることはできない。つまりAさんが買ったリンゴをBさんが買うことはできないし（排除可能）、2人の消費は競合する。つまりリンゴは私的財だ。

公共性の高い医療や高等教育も、ある人がサービスを受けている場合には他人が割り込むことはできない。排除可能であるし、サービスの消費は競合する。

それでは国防はどうか。Aさんが軍隊と「生命・財産を武力攻撃から守る契約」を結んだとする。軍隊は契約にもとづいて武力攻撃を排除するが、契約を結んでいないBさんもその恩恵に預かることになる（タダ乗り可能＝非排除性）。またBさんが新たに軍隊と契約を結んでも、Aさんが受ける武力攻撃を排除するというサービスは悪化しない（非競合性）。このため国防は、経済学上の公共財と定義される。

この状態を放置すると住民全員が「タダ乗り」しようとするので、軍隊は市場経済では成り立たない。したがって軍隊は政府が整備・運営することになる。それに必要な資金は税金の形で集めるので、タダ乗りはできない。同じことは、警察・消防などにも当てはまる。

封建領主同士が戦争を行っていた中世・近世と異なり、現代では個別契約の傭兵に依頼できるのは、護衛・身辺警護のような個別サービスだけだ。傭兵は契約した相手の護衛をするので、契約しない人が「タダ乗り」することはできない（排除可能）。またある傭兵が誰かと護衛契約を結ぶと、その傭兵は他の人との契約ができない（消費は競合する）。つまり傭兵が提供するサービスは「私的財」だ。

実際に朝鮮半島や台湾有事の際の危機管理・職員の安全確保や避難計画について、民間軍事警備会社（Private Military and Security Company: ＰＭＳＣ）に助言を求めている企業がある。これらは「個別のサービス＝私的財」として提供されている。

傭兵の禁止

17世紀には欧州でも日本でも広く使われた、むしろ軍隊の中核となっていた傭兵だが、現代では衰退しただけではなく批判の対象となっている。この間、どのような動きがあったのか。

日本では傭兵の需要がなくなると、傭兵そのものが消失した。欧州でも近世に国民軍の制度が確立すると、「傭兵＝外国人の雇われ兵士」となり、その数も減少した。

とはいうものの江戸期の日本と違って戦争はなくならない。米国独立戦争（１７７５～83年）では英国が大量の傭兵を送り込んでおり、「米国独立宣言」（１７７６年）には英国王による外国人傭兵の派遣を非難する記述がある。しかし外国人傭兵と外国人義勇兵との区別は曖昧な状態が続く。

なお１８３１年にフランスで、１９２０年にはこれを模範としてスペインで、それぞれ外国人部隊が編成されるが、これらは正規軍の一部であり傭兵ではない。

スペイン内戦（１９３６～39年）が勃発すると、国際共産主義運動のコミンテルンの強い影響下にあった「国際旅団」などの多国籍義勇兵が大量に送り込まれた。そこで外国による干渉禁止を討議するため、１９３６年9月にロンドンで欧州27カ国による不干渉委員会が開催され、１９３７年2月に義勇兵出発禁止が決定された。ただ、ここでも傭兵と義勇兵は明確に区別されていない。

1941年春には日華事変で日本と対峙していた中国を支援するために、米国で「フライング・タイガース」で知られる義勇航空隊が編成される。これは蔣介石の要請を受けてフランクリン・ルーズベルト大統領が指示したもので、米国の軍人が軍籍を離れて「民間人」として入隊した。しかし隊員の給料や機材その他は米国政府が支給しており、義勇軍というよりも事実上は米国の派遣航空隊だった。

現代の傭兵は報酬を目的として戦闘に参加し、その多くは紛争当事国の住民ではない外国人だ。第二次世界大戦後の主にアフリカでの植民地独立運動や内戦において集められた傭兵は、外国人が国内の政治情勢に関与する形をもたらした。ここまではスペイン内戦の「国際旅団」と大して変わらない。ただし構成員の過半が共産党員だった「国際旅団」は、ファシストに対して民主主義を守る理想を掲げていた。『誰がために鐘は鳴る』の中で主人公ロバート・ジョーダンは、「全世界のあらゆる被抑圧者にたいする義務に身をささげているという感情」に浸る。自身も国際旅団に加わったアーネスト・ヘミングウェイによるこの描写は、国際旅団を覆っていた義俠心を表している。

一方で1960・70年代のアフリカで活動した傭兵は報酬と引き換えに、独立運動や民主化を求める勢力を排除・攻撃する役割を果たした。義勇兵との大きな相違はこの点に集約される。傭兵は「独裁者に金で雇われた弾圧者」であって、理念や目的が「国際旅団」とはまったく異なっていた。

1977年に締結された「1949年ジュネーヴ条約第一追加議定書」の第47条によると、傭兵は「戦闘員である権利又は捕虜となる権利を有しない」。そして1989年には「傭兵の募集、使用、資金供与及び訓練を禁止する条約（傭兵禁止条約）」が国連総会で採択された。ただし「傭兵禁止条約」は批准国が少なく、G7でもイタリアとカナダの2カ国のみだ。

民間軍事警備会社（PMSC）の登場

１９８９年12月に米国のジョージ・H・W・ブッシュ大統領とソ連のゴルバチョフ大統領が、地中海のマルタ島で会談して冷戦終結を宣言した。東西間の軍事的緊張が緩和され、各国で軍備縮小が進んだ。いわゆる平和の配当だが、統治機構が脆弱な国は、配当の「取り立て」、つまり大国の抑えが外れて内戦の増加に直面する。それと同時に解雇された兵士や不要となった武器など、「平和の配当」が滞留した。

この内戦の増加と滞留する平和の配当を結び付けることが、「事業」として発生するのは自然なことだ。解雇された兵士の中で商魂たくましい者が起業する、あるいは軍の兵站役務を請け負っていた会社が事業の幅を広げるなどの形でPMSCが現れた。まさに１９９０年前後のことだ。

攻撃的な戦闘任務に携わらない限り、言い換えると護衛・警備や兵站などのサービス提供を行っているPMSCは、武装をしていても一般に「傭兵」とは見なされない。

なお２０２２年2月に始まったロシアによるウクライナ侵攻では、侵攻開始から3日後の同月27日にウクライナのウォロディミル・ゼレンスキー大統領が、国外からの志願者で「ウクライナ国土防衛国際部隊」を編成することを発表した。同国の外相によると、翌月には義勇兵志願者数は52カ国から2万人を超えた。彼らは部隊編成の趣旨に鑑みて、義勇兵として扱われるものと考えられる。

3 「頭で稼ぐ」か「体で稼ぐ」か

PMSCの台頭

「攻撃的な戦闘任務に携わらない限り、PMSCは傭兵と見なされない」ということは、かつて攻撃的な戦闘任務を請け負っていたPMSCがあったことを意味する。

代表的な例の1つが、南アフリカ軍特殊部隊中佐だったイーベン・バーロウが1989年に設立したエグゼクティブ・アウトカムズだ。同社は南アフリカ人以外では、アフリカ諸国が多く導入していたソ連製武器に通じているウクライナ人へリコプター操縦士や整備士も採用した。

エグゼクティブ・アウトカムズの初陣はアンゴラ内戦だった。同社は1993年9月に政府側と契約を結び、政府軍の訓練及び反政府勢力に対する掃討作戦を実行した。これにより壊滅的な損害を受けた反政府勢力は、政府との和平交渉に応じた。

ところがソ連の支援を受けていたアンゴラ政府は、米国や国連の圧力を受けてエグゼクティブ・アウトカムズとの契約を解消した。この代わりに国連は平和維持軍を派遣したものの、反政府勢力の武装解除と政府・反政府勢力との講和締結に失敗し、内戦は2002年4月まで続いた。

エグゼクティブ・アウトカムズが関わった戦争の中で最も有名なものが、シエラレオネ内戦だ。やはり反政府勢力に押されて首都陥落寸前の状態だったシエラレオネの軍事政権が、1995年4月にエグゼクティブ・アウトカムズと契約を結んだ。同社は300人の部隊を投入して反政府勢力が押さえていたダイヤモンド鉱山を奪還し、軍事政権・反政府勢力の和平交渉が始まった。

ここで注意すべきは、軍事政権が当初、国連や米英に支援を求めたが断られていることだ。そして次善の策としてPMSCと契約を結んでいる。つまり中世の封建領主と同じように、「手間と時間を金で解決」したわけだ。

その後のシエラレオネではクーデターや選挙を経て1996年3月に文民政権が誕生したが、国際世論の反発を受けてエグゼクティブ・アウトカムズとの契約は打ち切られた。するとその4カ月後に、反政府勢力とつながった軍部によるクーデターが起こり文民政権は倒れた。

1990年代半ばに英国で設立されたサンドライン・インターナショナルも攻撃的な戦闘任務に関わっていた。同社が有名となるきっかけが、ニューギニア政府とブーゲンビル島の独立を目指すブーゲンビル革命軍との内戦への関与だ。1997年にサンドラインはニューギニア政府と反乱鎮圧の契約を結ぶが、この業務の一部はエグゼクティブ・アウトカムズに下請けとして出された。しかしこの契約に反対した政府軍が1997年3月にクーデターを起こし、サンドラインは武装解除のうえ、国外に追放された。

攻撃的な戦闘任務を請け負っていたPMSCとしては、ブラックウォーターも有名だ。1997年に設立された同社は、アフガニスタンやパキスタンではCIAから攻撃型無人機の操作を受託した。またイラクでは米国要人の護衛や、米軍基地の警備も行った。

変わったところでは、2005年8月にハリケーン・カトリーナが米本土に甚大な被害をもたらした際、国土安全保障省や民間企業の要請で武装警備員を約50名、その他職員を164名派遣した。ただし彼らの手荒な警備が後に問題となっている。

1990年代の米国によるコロンビア麻薬撲滅作戦では、米国議会が米軍の派遣に反対したことから、「代わりに」ダインコープ・インターナショナルなどのPMSCが派遣された。彼らは麻薬取り締まりに当たるコロンビア警察の訓練・技術支援を行い、麻薬組織に対する戦闘任務も引き受けたといわれている。


このように場合によっては、政府の存続自体がPMSCの手に委ねられた。しかし中世の傭兵による掠奪を彷彿させる民間人への乱暴な対応があり、特に2003年3月に始まったイラク戦争後にはPMSC「社員」による一般市民への誤射などの事件が相次ぎ、国際世論から強い非難を浴びた。

1998年末にエグゼクティブ・アウトカムズは解散した。これは同年に南アフリカ政府がネルソン・マンデラ大統領の提案で、同社の活動がほぼ不可能となる傭兵禁止法の制定に動き始めたためだ。解散後、一部の業務はサンドラインが引き継いだ。

そのサンドラインも2004年4月に解散、ブラックウォーターは2度の社名変更を経て2014年6月に米国のPMSCトリプル・キャノピーに吸収された。

現在では攻撃的な戦闘任務を行うPMSCは極めて稀である。西側では危機管理コンサルティング・訓練提供、警備、情報収集、軍の後方支援などが主な活動分野となっている。また業種もかつての民間軍事会社から、今では民間軍事「警備」会社と称されるのが一般的になっている。

手間と時間とＰＭＳＣ

「手間と時間を金で解決」すること自体は合理的な行動なので、この点にＰＭＳＣは商機を見出す。

民族対立から１９９４年4月にルワンダでは大虐殺が発生し、難民が大量に流れ込んだ隣国には多くの難民キャンプが設営された。ところが難民キャンプでは治安が悪化し、人道支援機関の職員が暴行を受ける事態も生じた。さらには虐殺された側の武装勢力が反撃拠点としてキャンプを利用して、子供も含めた兵士募集も行っていた。

このような場合、本来ならば国連が平和維持軍などを派遣して治安回復に当たるべきだが、当時のブトロス・ガリ国連事務総長が39カ国に部隊派遣を打診したところ、前向きな回答が得られたのは１カ国に過ぎなかった。治安悪化が酷いうえに、そこまでして部隊を派遣した国が得られるものはほとんどない。部隊派遣を打診された側にしてみると費用対効果にもとづく合理的な判断で、国連が加盟国を説得するには膨大な手間と時間を要しただろう。その間にも治安悪化の犠牲者は増える。

こうなると、この「手間と時間を金で解決」することが選択肢として出てくる。実際に当時のコフィー・アナン国連事務次長と緒方貞子・国連難民高等弁務官は、１９９５年1月に英国系ＰＭＳＣのディフェンス・システムズを使ったザイール（現・コンゴ民主共和国）難民キャンプの治安回復を検討した。ただしこの時は、会社から提示された金額があまりに高価だったことから、ＰＭＳＣを使った難民キャンプの治安回復を断念している。

２００３年のイラク戦争とその後の安定化作戦や復興活動にＰＭＳＣが深く関与するようになると、

様々な問題が発生した。まず当時のイラクでは、米軍が契約していたＰＭＳＣは地位協定によって現地の司法に服さなかった。ところが米国の法廷で裁くにも、イラク人が被害者の場合、彼らが米国まで出向いて証言を行うのは事実上不可能だ。結果として米軍と契約したＰＭＳＣやその社員が、違法行為や犯罪を行ったにもかかわらず刑罰を逃れる場合が多発した。これはＰＭＳＣと契約した側の責任でもある。

そしてもう1つは、商道徳上の問題だ。提供された役務の品質が要求を満たしておらず、水増し請求も繰り返された。加えて大手ＰＭＳＣが、受注した事業を顧客に無断で中小企業へ下請け・孫請けに出すことも頻繁にあり、事故が生じても責任の所在が曖昧となった。

プリンシパル・エージェント問題

こうした中で市場は大手による寡占が進む。実際イラクの紛争後復興時には「イラク・バブル」と揶揄されるほどに乱立傾向のあったＰＭＳＣは、その後大手による吸収合併や系列化が進展した。ルワンダの難民キャンプの治安回復で国連から相談を受けたディフェンス・システムズは、吸収・合併などを経てＧ４Ｓとなっている。

日本は平成17（２００５）年度にイラクの「ムサンナー県警察訓練プログラム」に対して無償資金協力を実施したが、訓練の提供は英国のＰＭＳＣであるアーマー・グループが受託した。同社も２００８年5月にＧ４Ｓに吸収された。

Ｇ４Ｓは１９０１年にコペンハーゲンの警備会社として発足した。現在はロンドンに本社を置き、危機管理の指導・監督、重要施設やイベントの警備（武装・非武装）、住宅の防犯監視、空港手荷物検査、軍・警察の業務受託、刑務所運営受託を手掛けるなど、「危機管理の総合商社」然としている。ロンドン証券取引所に上場しており、世界90カ国で事業を展開、日本では横田基地の近くに拠点がある。

従業員数が全世界で50万人、年間売上高は日本円換算で1兆円に上る、この業界では世界最大の巨大企業だ。従業員数は単純比較では自衛隊はもちろん、英・仏・独・伊といった主要先進国の軍隊も大きく上回っており、売上高はノルウェーやスウェーデンの国防支出にほぼ匹敵する。軍・準軍隊や警察の特殊部隊経験者を多く採用し、政府・国際機関や大手民間企業からの受注実績も積み上げており、実務を通じた経験・教訓も社内に十分蓄積されている。

ＰＭＳＣは世界各地で「事業」を手掛けていることから、彼らの経験値が自国の防衛を任務とする軍を上回る場合が出てくる。海賊対処の場合は事前の訓練や避難計画の策定、航海時の武装／非武装警備、被害に遭った場合の船舶・船荷の奪還や人質を取られた際の身代金交渉、報道機関対応なども手掛けている。

そうなると業務請負の価格や条件などの交渉において、政府や軍といえども不利な立場に置かれることになる。いわゆるプリンシパル（委託者）・エージェント（受託者）問題の発生だ。受託者は、委託者の最善の利益のために行動するとは限らない。

もっともこれは現代に始まった話ではない。中世でも傭兵隊長が兵士の数を水増しして、「幽霊傭兵」分の給料を着服したり、兵士として使い物にならない者を雇う例は後を絶たなかった。

このようなことは、委託者と受託者の間に情報の非対称性が存在することから生じる問題だ。傭兵・ＰＭＳＣという業種特有というよりは、高い専門性が求められる業種には必ずついて回る問題で、知識や経験に劣る雇う側には判断のしようがない。

相変わらず「体で稼ぐ」者たち

最近の傾向として、特に米英系のＰＭＳＣでは、危機管理の助言やコンサルティングに比重を置いている。２０１３年1月にアルジェリアで起きた、天然ガスプラントへのテロ攻撃では、日本人10名が亡くなり7名が人質となった。この際には英国系のＰＭＳＣが、日本側への助言を行ったといわれている。

この他にも紛争や感染症の大流行が発生した際の、海外での危機管理・派遣職員避難・事業継続の計画作成を引き受けているＰＭＳＣもある。台湾に社員を派遣している企業には、台湾海峡危機の際の社員・家族の避難計画や事業継続計画の策定をＰＭＳＣに依頼しているところがある。日本でも、英系のコントロール・リスクスと提携した商品を販売している損害保険会社がある。

大きな流れとして西側のＰＭＳＣは、武装警備を含む警備業務や知的支援（ノウハウ提供）、後方支援を中心とした業務を展開している。軍が顧客の場合には装備品の維持修理や兵站・補給などを請け負う垂直分業で、武装警備は行っても戦闘や攻撃任務には加わらない。

このように西側では「体で稼ぐ会社」から「頭で稼ぐ会社」へ変化しつつあり、これに国際世論が果たした役割は大きかった。

しかしそうした流れと一線を画する動きもある。

ロシアでは、国際法や規制に縛られない形での傭兵的な水平分業で事業を展開しているＰＭＳＣが多く存在する。軍と同じように戦闘部門と支援部門を抱え、独立した戦闘組織としての自己完結性を有する。そして、正規軍が表立って行うことができないような任務を肩代わりしている。これには攻撃任務も含まれる。

特殊任務に向けた傭兵の訓練などを行っているアンチテロ・グループは、その源流のような存在だ。そこから独立したモラン・セキュリティは海賊対処の海上警備事業を中心に活動し、武装警備船も保有している。同社はロシアの傭兵禁止の国内法を逃れるため、香港でスラヴォニック・グループを設立し、２０１３年に過激派組織イスラミック・ステート（ＩＳ）からの石油ガス施設奪還作戦に参加した。これはロシアがシリア内戦に介入（２０１５年9月）する2年前である。

スラヴォニックのシリア作戦に参加していた、ロシア参謀本部情報総局（ＧＲＵ）特殊作戦旅団出身のドミトリー・ウトキン元中佐が２０１４年に設立したのが、ワグネル・グループだ。ワグネルは、２０１４年にシリアとウクライナ東部のドンバスで活動を開始した。シリアでの戦闘任務では、彼らはロシア国防省から戦車やロケット砲の供与を受け、シリア軍特殊部隊の訓練も請け負った。リビア内戦では、ワグネルはシリアから戦闘員を移転させ、狙撃要員も含めて「社員」８００～２０００名を投入した。

そして２０２２年2月に始まったウクライナ侵攻では当初、ゼレンスキー大統領を含めたウクライナ政府高官二十数名の暗殺を企て、その後は恩赦と引き換えに刑務所で募集した囚人兵を5万人ほど戦線に投入していると報じられた。

これなどは、大坂の陣での豊臣方の牢人募集を思い起こさせる。このワグネルもプーチン政権との間で軋轢が生じたことに鑑みると、「プリンシパル・エージェント問題」とは無縁ではなかった。

なお2023年8月に、ワグネル創設者の1人でもあるエフゲニー・プリゴジンと部隊指揮官のウトキン元中佐ら幹部が搭乗した自家用ジェット機が、モスクワの北西300㎞の地点で墜落し、乗員全員の死亡が確認された。

ロシアにも軍と垂直分業の関係にあるPMSCは存在するが、西側では見られない水平分業型・傭兵型の存在がロシアのそれを差別化している。ロシア政府からの需要がある限り、この傾向は変わらないだろう。中東やアフリカでのロシア系・傭兵型PMSCの活動も、各社が自力で市場を開拓するというよりは、ロシア政府の対外政策の一環として活動していた。

今後彼らが強化すると思われるのが、サイバー攻撃やインターネット、SNS（ソーシャル・ネットワーキング・サービス）を用いた情宣工作の分野だ。「サイバー傭兵」は、既にあらゆる所で活動している。

地政学の泰斗であるニコラス・スパイクマンが1942年に著した本の中で、ナチス・ドイツによる中・東欧や中南米での宣伝工作や第五列（スパイ網）構築を指摘しているが、手段が変わっただけで同じことがクリミア半島やウクライナで繰り広げられた。

情宣工作や経済的・政治的影響力まで駆使する総力戦では、軍事力の行使は最後の段階であるという80年前のスパイクマンの指摘は万古不易の響きがある。ダグラス・マッカーサーは、1951年4月に米国議会で行った退任演説を「老兵は消え去るのみ」と結んだ。しかし傭兵はそうでもないようだ。

第9章

彼らはすでにワシントンにいた

戦争の経済思想

「一九四一年以降は、経済学者はもはや汽車でワシントンに行くことはしなかった。彼らは、すでにそこにいたのである」（ジョン・ケネス・ガルブレイス『不確実性の時代』）。

第二次世界大戦を控えて米国政府は、経済学者の知見を必要とした。1941年の春、プリンストン大学の助教授だったジョン・ケネス・ガルブレイスは物価管理局の行政官補に就任して「ワシントンにいた」（翌年に副長官へ昇任）。彼の経済思想が、戦時の物価統制として結実する。

彼だけではない。実に多くの俊英たちが空前の総力戦遂行に備えて集められた。その中でガルブレイスは、紛れもなく「最高の経済学者」だった。何せ身長は2m6cmもあったのだから。

1 総力戦思想と経済学

国民国家の争いへ

戦争は古来、財政や通貨・金融とは不可分であった。カネがなければ軍隊は活動することも覚束ない。そればかりか、戦争がなくても軍隊は存在するだけでカネを食う。

しかしこれまで見てきたように、戦争と経済の結び付きはカネだけではない。戦争は「財政、金融、銀行」に加えて「産業、通商・貿易、人」とも深く結び付いている。そうなると経済活動全般を統制下において、戦争目的の達成に貢献させようという考えが出てくるのが普通だ。

近代に入ると、その動きが現れた。これには大きく2つの要因が考えられる。

まず1つ目は、軍隊の変質だ。兵士の数頼みであったものが、火器や甲鉄艦・鉄道などが戦力の大きな要素となった。労働集約的軍隊から資本集約的軍隊への移行である。これには産業革命が果たした役割が大きい。経済史上の大きな出来事が、軍隊の性格も変えてしまった。

もう1つは、戦争の性格の変化である。中世のように戦争が「封建領主の争い」であれば、経済統制も封土内の農民に対する課税が中心となる。自治権を獲得した都市で事業を行う商工業者は、武器や需品の製造・販売、輸送、貸付け・為替（送金）で封建領主と接点を持つが、封建領主の統制からは外れていた。

ところが近代国民国家が成立すると都市は国家を構成する行政区域となり、国政の基本方針を決定する議会には都市の代表者も参加する。近代国民国家は、領域の農民や商工業者を国民としてまとめ上げた。全住民に対して投網を打つように行政権限が及ぶわけで、戦時にはこれが総動員となる。
近代の戦争は「国民国家の争い」であり、否応なく総力戦の色彩を帯びるようになった。

技術進歩が消した銃後

第一次世界大戦では、経済活動全般が政府の統制下におかれた。クリミア戦争（1853～56年）、南北戦争（1861～65年）、日露戦争（1904～05年）などは大規模長期戦となり、経済力の動員が強く求められた。しかし戦場から遠く離れたところにいる一般市民が、生存を脅かされるほどの統制を受けたという点で第一次世界大戦に及ばない。

第一次世界大戦はあまりに戦争の規模が大きく、被害や犠牲も桁違いであったことから、戦後には世界的に軍縮の流れが進んだ。「ワシントン海軍軍縮条約」（1922年）、「不戦条約」（1928年）、「ロンドン海軍軍縮条約」（1930年）などは、その成果である。

ただこの時期は軍縮条約で制限されていただけで、技術の進歩は新たな武器を生み破壊力を増大させていた。

特に航空機の性能向上は目覚ましく、1927年5月にはチャールズ・リンドバーグが大西洋単独無着陸飛行に成功。その4年後の1931年10月には、青森県三沢村を飛び立ったクライド・パングボーンとヒュー・ハーンドンが初の日米間無着陸飛行をやり遂げた。

日本でも1937（昭和12）年4月に、陸軍の97式司令部偵察機を改造した「神風」号が、東京―ロンドン間の短時間飛行記録（給油着陸10回）を達成した。「神風」号は目的地のロンドンだけでなく、経由地のローマやパリでも大歓迎を受けている。翌年5月には、東京帝大航空研究所が開発した

「航研機」が、長距離飛行の公認世界記録を樹立した。周回で達成した飛行距離は1万1651kmで、直線にすると東京─ニューヨーク間（1万1000km）を上回る。

これらは快挙であると同時に、地上のあらゆる場所が爆撃の危険にさらされることを意味している。前線と銃後の区別はなくなりつつあった。

第一次世界大戦でドイツ陸軍の参謀次長だったエーリヒ・ルーデンドルフは、自身の経験にもとづいて、1935年に近代総力戦の特徴を明らかにした『総力戦』を著した。総力戦と経済の関係については、7つある章のうち1つをその記述に充てており、財政、通貨・金融、食料・燃料、通商・貿易、軍需品生産と、ほぼ経済活動全般について言及している。ただしルーデンドルフ自身が「戦争の理論を書こうとは思っていない」（ルーデンドルフ『ルーデンドルフ総力戦』）と述べているように、指摘だけに終わっており論理的な考察は行われていない。

第一次世界大戦は総力戦といっても、参戦各国が当初想定していたのは短期戦で、時間の経過とともに長期総力戦の態勢を整えた。結果的には付け焼き刃の経済統制・総力戦で、ルーデンドルフの『総力戦』にはこれに対する自省も込められている。

付加価値の戦力化

科学技術の発達もあり、「次の戦争」は第一次世界大戦を上回る総力戦になると考えられていた。1929年10月に起こったニューヨーク市場での株価暴落は、世界恐慌となって社会不安を増大させファシズムの台頭などを招く。

こうした時代背景を受けて、１９２０～30年代には「戦争経済学」の研究が盛んとなった。この時期の戦争経済学には、２つの大きな特徴が観察される。平時の準戦時化と市場メカニズムによる調整の中断だ。

第一次世界大戦では戦争が始まってから経済動員策が採られたが、不完全・非効率のうちに終戦を迎えた。この反省から次の戦争では、平時から経済動員の準備を整えておく必要があると考えられた。また市場メカニズムへの信頼が揺らいだ背景には、世界恐慌を迎えても計画経済の下で着実に国力を伸ばしていたソ連の存在があった。

アーサー・セシル・ピグーの『戦争経済学』（１９２２年）は、その時代の代表的な文献だ。その中で彼は、「戦時の食料その他必須品の不足に対し、保険として平時に於て『富裕』の一部を犠牲に供することは、あり得ることであるのみならず、賢明なことでもある」と述べる（ピグー『戦争経済学』）。この考え方は「平時の準戦時化」として、彼に続く研究でも取り上げられる。

ピグーが考えるのは、「いかに経済力を戦争目的に投入するか」という問いと、それに対する回答だ。つまり、

「付加価値の生産量」×「戦争への投入比率」

の最大化である。これはそれぞれ、本書の第2章（マクロ経済学）と第3章（財政学）の問題となる。

まず2つ目の変数、「戦争への投入比率」から見てみよう。経済活動で生産された付加価値を、戦争目的に利用するために政府がいかに確保するかという問題となる。彼はその手段として配給、生産

割り当て、補助金、貿易・為替管理に言及している。つまり市場メカニズムに頼らない経済統制だ。そして1つ目の変数、「付加価値の生産量」についてピグーの頭には労働強化があった。

彼が属するケンブリッジ学派は、その始祖であり彼の指導教授でもあったアルフレッド・マーシャルが、ケンブリッジ大学の教授就任講演（1885年2月）で語ったように、「冷たい頭と温かい心（冷静な思考と弱者に対する配慮）」を信条とする。しかし意外なことに、ピグーは「付加価値の生産量」増大に向けて高齢者や少年・少女の労働投入、労働強化を挙げた。「温かい心」を持っていても、戦争となると背に腹は代えられない。

同時にピグーは、公債による戦費調達は長期的に低所得者層に不利だと指摘する。公債は資金に余裕のある高所得者が購入するが、その利払いは税金の形で低所得者にも相応の負担が求められるからだ。

マーシャルやピグーと同じケンブリッジ学派のケインズも、1939年に「ザ・タイムズ」紙上で戦費調達に関する論稿を発表した。彼も「付加価値の生産量」増大のための労働強化を唱えていた。

またケインズは政府支出の原資として、高所得者への課税と低所得者からの借入れを提案している。こうすると高所得者の戦費負担は持ち出しになるが、低所得者の戦費負担は戦争が終わると返済される。戦費の負担を通して、所得再分配を行うわけだ。この点はピグーの公債による戦費調達への論評と同じく、ケンブリッジ学派の「温かい心」が垣間見える。

総力戦時の「付加価値の生産量」を巡って、東京商科大学（現、一橋大学）の中山伊知郎は長期的視点に立った対応を重視した。経済力を過度に戦争目的に投入すると、経済そのものの成長力を蝕む。

このため中山は長期総力戦では、戦争目的への経済力集中と生産力育成との均衡、つまり「戦争経済力の集中と育成」を経済統制の重要課題として指摘した。

2 マルクス経済学と戦争

マルクスとその時代

ロンドン北部に広がる公園、ハムステッド・ヒースから東に入ったハイゲート墓地にカール・マルクスの墓がある。人の背丈ほどの大きな石の台座の上に、これも大きいマルクスの首像が載っている。台座に記されているのは、フリードリヒ・エンゲルスとの共著である『共産党宣言』の有名な最後の一文「万国の労働者、団結せよ」だ。

マルクスが亡くなったのは1883年3月。それから1世紀後、1991年12月にソ連が崩壊し、中国も1992年10月の共産党大会で「社会主義市場経済」の導入を決定した。20世紀の壮大な実験だった社会主義経済は失敗の烙印を押され、マルクス経済学は路傍に打ち捨てられた感がある。ただ経済学は社会思想の側面があり、マルクス経済学もマルクスが活躍した時代、19世紀後半の資本主義社会の実態から生まれている。その時の資本主義はどのような有様だったか。これを見過ごすと、マルクスの思想の底に流れるものは理解できない。

産業革命は工業都市を生み、余剰労働力を抱える農村から工場労働者が大量に都市部に流れてきた。労働供給が増え続ける都市部では、恒常的に失業者（産業予備軍）が生じる。労働市場は完全な買い手市場で、彼らの待遇改善は阻まれた。

9歳ぐらいから働きに出る者が多かったが、6歳や4歳での就労も珍しくない。1日の労働時間は10〜16時間で、休憩は昼の半時間のみ。住居は過密で、衛生環境も劣悪なまま放置された。

賃金は生存ギリギリの水準に抑えられるが、長時間労働はそれ以上の価値（剰余価値）を生み出している。この差分は資本家のものとなる（搾取＝ピンハネ）。

英国募兵総監による1902年の報告書は、ロンドンやヨークなどの都市部では人口の3割が貧困水準以下の状態にあると問題視していた。

過酷な労働・生活環境は、体の発育に悪影響を及ぼす。19世紀初頭の英国では、14歳児の平均身長は上流階級と貧困層では約15cmも差があった。またエンゲルスによると、1840年のマンチェスターでは、新生児の5歳未満での死亡率が上流階級の20%に対して、労働者階級のそれは57%に達していた（フリードリヒ・エンゲルス『イギリスにおける労働者階級の状態』）。

体だけではない。ろくに教育も受けずに働き詰めの少年期を送っているので、労働者階級も含めた平均では、読み書きに不自由しない者は2割に満たなかった。労働者階級に限ると、この値はもっと下がるだろう。

ヴィクトル・ユーゴーの『レ・ミゼラブル（あゝ無情）』は、19世紀前半のフランスが舞台だ。一児の母で工場労働者だったファンティーヌは、解雇されると自分の髪の毛と前歯を売って娘の服や薬を買う金を工面する。絶望の淵に立った彼女は、ミュージカルでは名曲「夢やぶれて」を歌う。2009年に彗星の如く現れた、英国の歌手スーザン・ボイルがオーディションで選んだ曲だ。

その後の生活費は夜の街角に身を任せて稼ぐが、困窮のうちに胸を病んで20代半ばで亡くなった。

ユーゴーは、このようなファンティーヌの生涯を「一片のパンと一つの魂との交換」と表現する。

マルクスが目の当たりにした労働者階級の実態はこのようなものだった。ケンブリッジ学派の「温かい心」もここから生まれている。このような状況に心が動かされない者に、社会科学を語る資格はない。

スターリンの重工業推進政策

マルクス経済学では、産業資本の再生産の流れが「再生産表式」という連立方程式で示される。再生産表式では、産業を生産財産業と消費財産業の2つに分ける。生産財は文字通り生産のための原材料・資材なので、生産財産業・消費財産業の両方に提供され再生産に投入される（図9－1）。消費財の方は、労働者や資本家によって消費されると、その時点で消えてなくなる。

一般に生産財産業は資本集約的な重工業で、消費財産業は労働集約的な軽工業だ。そして経済成長（拡大再生産）のためには、生産財産業（資本集約的な重工業）の先行的拡大が条件となる。労働者に対して生産設備の比率が上昇するが、マルクス経済学ではこれを「資本の有機的構成の高度化」と呼んでいる。この間、消費財産業は後回しにされるので、国民は財やサービスの消費を通して「豊かさ」を感じることはできない。

その理論通り、ソ連は1926年からヨシフ・スターリンの下、「五カ年計画」で農業の集団化と国有企業による重工業を推進した。ここでも資本主義と同じようにピンハネは生じる。

資本主義では生産手段は資本家のものだが、社会主義経済では国有である。資本家が行うピンハネは搾取となるが、国有企業が行う場合には「国民共有」となり搾取ではない。

図9-1　再生産表式による生産財・消費財の流れ

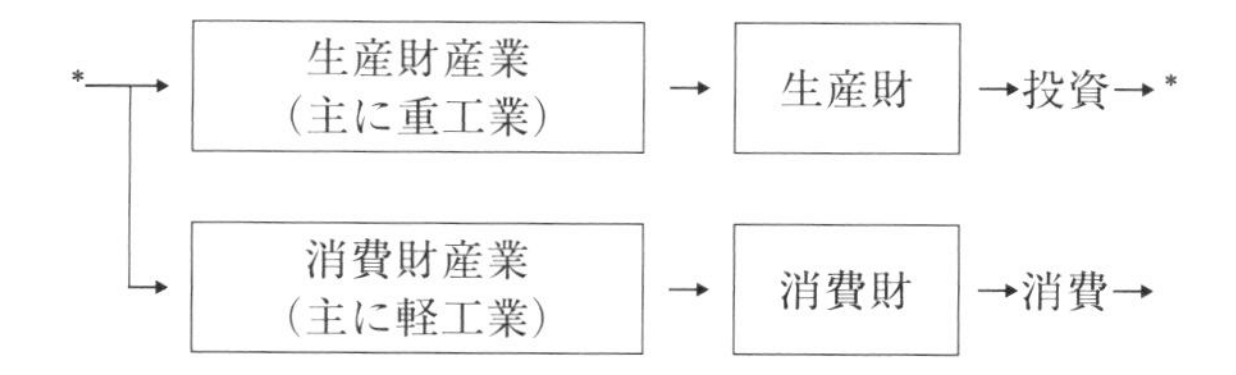

図9-2　主要国の実質 GDP 推移（1928年 =100）

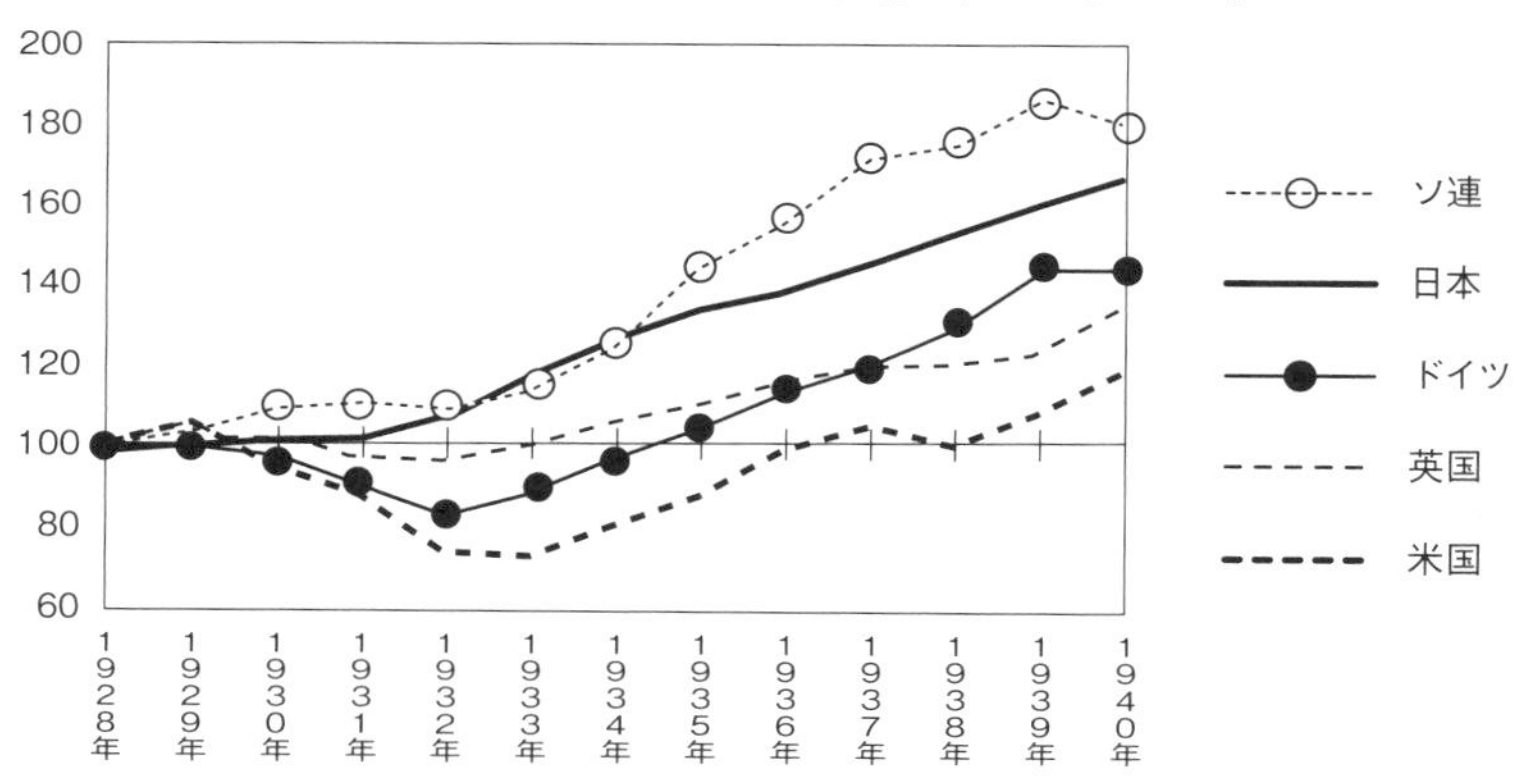

注：ニューヨーク株式市場の大暴落（暗黒の木曜日）は1929年10月24日
出所：Bureau of the Census, U.S. Department of Commerce（1976）*Historical statistics of the United States: Colonial times to 1970, Part1*, Washington D.C.: U.S. Government Printing Office、B・R・ミッチェル編（1995）『イギリス歴史統計』〔中村壽男訳〕原書房、大川一司ほか（1974）『長期経済統計 1 国民所得』東洋経済新報社、マディソン・プロジェクト ホームページ〈https://www.rug.nl/ggdc/historicaldevelopment/maddison/〉より作成

何となく詭弁のようだが、とにかく経済成長のための投資資金は消費を抑制しないと捻出できない。これは資本主義であっても社会主義でも同じだ。

ソ連は国有企業によるピンハネと計画経済で重工業を推進し、1930年代には大恐慌に苦しむ資本主義列強を尻目に、着実に経済力を向上させていた（図9－2）。ただ消費財産業は優先度が低いので、国民は賃金をピンハネされたうえに、低質の消費財で我慢を強いられた。

後発の工業国は技術・資本が未発達だ。そのため安い人件費などの長所を活かすことができる、労働集約的な軽工業（繊維産業など）から始めるのが王道だ。これならば価格競争力があるので、輸出で外貨が獲得でき資本も蓄積される。外貨が手に入ると外国から優れた技術も導入でき、次の段階（重工業化）が視野に入る。

明治期日本の殖産興業や、20世紀終盤に現れた東アジア諸国の工業化は、その典型的な成功例だ。逆に中国の大躍進政策（1958～61年）では、毛沢東が技術も資本もない中で鉄鋼増産を強引に推し進めた。結果は使い物にならない粗悪品の大量生産で、貴重な資源の浪費に終わった。

スターリンもソ連の重工業化を推し進める。ところが工業製品に輸出競争力はないので、農産物の輸出で外貨獲得を目論んだ。農村の犠牲のうえに重工業化が進められたわけだ。

1931～33年に当時ソ連領だったウクライナでは、不作にもかかわらず輸出用農作物の強制徴発が行われた。ピンハネどころではなく、作付け用の種子まで収奪されたので、翌年には農作物の栽培ができないという悪循環に陥り餓死者が続出した。

餓死や徴発命令違反を口実とする粛清を合わせて、ウクライナでは数百万人が犠牲になったと見られている。EUは2022年12月、この「ホロドモール」と呼ばれる大飢饉はスターリンによる民族虐殺（ジェノサイド）であると認定した。

1941年6月22日、ソ連はこの状態でドイツとの総力戦に突入する。社会主義計画経済は国家社会主義（ナチズム）と、4年にわたってがっぷり四つに組むことになった。

幸いだったのは、無理を重ねて推し進めた重工業は、軍需産業と親和性があったことだ。武器は重工業製品である。農業用トラクター工場は戦車工場へと変わり、小銃・野戦砲やエンジンの製造用に鉄鋼が大量に供給された。

経営者は官僚的統制を嫌うものであり、戦争中であっても経済統制の調整コストはなかなか減らない。これに行政組織間の調整が加わる。いわば資本主義と民主主義にとって、経済統制を行ううえで避けられないコストだ。

しかしソ連の場合は担い手が国有企業のため、調整コストはゼロに等しい。歯向かえば、粛清かシベリアでの強制労働だ。当時のソ連の経済基盤では、社会主義とスターリンの組み合わせでないと、ナチス・ドイツには抗し切れなかっただろう。

レーニンの帝国主義論

順番は前後するが、戦争との関連ということでウラジーミル・レーニンの『帝国主義論』（1917年）に触れておこう。

資本主義下では、規模の生産性を求めて生産が大企業に集中され、並行して銀行でも集中が進む。銀行は資金を握ることで企業を支配し、銀行と企業は人的な関係も築く。両者の結び付きを、ワイマール共和国の蔵相も務めたルドルフ・ヒルファーディングは「金融資本」と呼んだが（ヒルファーディング『金融資本論』)、レーニンも同じ言葉を使っている。

この生産と資本の集積・寡占は、資本主義的な「ピンハネ」が続く限り止まらない。ピンハネは経済成長(拡大再生産)の原資であり、引き続き規模の生産性を追求するからだ。

いずれ国内では資本過剰となり、利益は頭打ちとなる。そこで金融資本は未開発の途上国で収益機会をうかがう。帝国主義的な植民地獲得であり、列強による世界分割が進む。

そのうち後発の金融資本列強は、先発の列強に植民地再分割を求める。第一次世界大戦は、こうして引き起こされた。

『資本論』との関連では、「剰余価値(=労働者の給料ピンハネ)」の存在と資本の蓄積・集中が列強の帝国主義的な行動・戦争と結び付く。

3　福祉国家と戦争国家

英国陸軍の衝撃

福祉と戦争は、言葉の意味としては対の関係にある。しかし「福祉国家(welfare-state)は実のところ戦争国家(warfare-state)と等記号でつながっている」(山之内靖「方法的序論」)。これは、どういうことか。

古代から存在していた喜捨的な貧困者救済は別としても、政府が救いの手を差し伸べる形の社会福祉政策は近代以前からあった。公的扶助であり、日本でも奈良時代の「養老律令」(757年)には貧困者や高齢者・障害者の救済が定められていた。

しかし近代的社会保険制度は、住民が助け合う相互扶助の形をとる。これは1880年代にドイツで成立した、疾病、労災、老齢・障害の三種類で構成される法定社会保険制度に始まる。歴史の教科書にもある、宰相オットー・フォン・ビスマルクによる社会主義運動に対する「飴と鞭」政策の「飴」の部分だ。

プロイセンでは1814年に参謀総長ゲルハルト・フォン・シャルンホルストが主導して、傭兵に代えて義務兵役制を導入した。この原型となるカントン（徴兵区）制が、1733年に施行されている。

つまり18世紀の早い段階で、戦時の組織的な兵力動員体制が形成された。ところが先にも触れたように、産業革命の進展で学校に行かずに粗末な食事で過酷な労働に従事していた児童は、成人しても兵役に耐えられない。

農村部でも、児童教育は普及しなかった。プロイセンでは、1717年に「就学義務令」が出された。しかし親は農作業に学力の意義を見出せず、あまつさえ授業料は各家庭の負担だった。結局「義務」と言いながら、就学率は1～7割でバラつくことになる。

このような「就学と兵役の義務」と「自由主義経済の現実（重労働）」の間の矛盾の存在は1810年代には認識され、ドイツの社会福祉政策の嚆矢となる「児童保護規定」が1839年に制定された。

ヴィクトリア朝の英国でも労働者階級の体格が悪化していたのは、既に述べた通りだ。英国も当時は農村部で余剰労働力を抱えていた。体を壊した労働者は解雇しても、代わりの労働力はいくらでも農村から調達できる。当時の産業資本にとって、労働者は「消耗品」だった。

これで困ったのが陸軍だ。19世紀末には、陸軍入隊志願者の3～4割が身体検査で不合格となっていた。明らかに発育不良の者は、身体検査を受けさせずに不合格としていたので、実際の不合格率は6割に達したという証言もある。この数字に英国陸軍は驚いた。

1906年の「教育法」で貧困学童への給食が認められ（費用は親が支払う給食費、寄付金、公費で負担）、1907年には学校での健康診断が義務付けられた。さらに1914年の「新教育法」では学校給食が義務化された。

ただし戦争と福祉の関係では、財源を巡って両者の背反は避けられない。労働者階級の健康増進・体格向上に役立つと期待され、1909年に予算要求された健康保険制度は、ドイツとの建艦競争に予算を割くべきと考える議会で強い反対に遭った。

最終的には蔵相だったロイド・ジョージの尽力で、ドイツを参考にした「老齢年金法」（1908年）と「国民保険法第一部」（健康保険：1911年）、また英国独自の制度として「国民保険法第二部」（失業保険：1911年）が成立した。

このように社会福祉制度は、「総力戦に向けた人的資源の確保」を制度面から支えるものとして始まった。福祉国家と戦争国家は、この点でつながっていた。

ベスト・セラーとなった「お役所文書」

令和5（2023）年度前期のNHK朝の連続テレビ小説「らんまん」は、旧制小学校中退ながら日本の植物分類学の基礎を築いた牧野富太郎がモデルだ。義務教育しか終えていないが、1949年に日本での旧石器時代の存在を証明した相沢忠洋の功績も広く知られている。

同じような例に、20世紀半ばにおける社会福祉政策研究の第一人者だったリチャード・ティトマスがいる。彼は中学校中退の学歴で1950年にロンドン大学（LSE）の教授となった。

ティトマスは軍の人的資源への関心を4段階（表9－1）に分け、社会福祉政策を兵員（人的資源）の確保手段と位置づける。

彼は「軍務に適する」という点で、身体的要件の他に精神面でのそれも重視した。産業革命で生産工程が機械化、分業・単純化され、「生理的疲労も精神的倦怠感も一切お構いなしに続く」労働環境に適応できない非熟練労働者が多く生じた。機械化・分業化された軍隊でも、そのような環境に適応できない兵士が出てくることは十分考えられるためだ。

チャールズ・チャップリンの映画「モダン・タイムス」（1936年）のようなことは、軍隊でも起こり得る。これに対してティトマスは、精神医学による解決を提唱した。

第二次世界大戦後の英国労働党政権による手厚い社会福祉政策は、「ゆりかごから墓場まで」と表現される。この具体的内容は戦争中にウィリアム・ベヴァリッジがまとめた「ベヴァリッジ報告」（1942年）の中に示されており、英国のみならず社会福祉政策の世界標準となった。

その終わりの部分で、戦時に社会福祉政策を計画する意義として、国民の戦意高揚を挙げている。実際に政府刊行物の「ベヴァリッジ報告」は、売り出し直後からベストセラーとなった。陸軍省は要旨を小冊子にして配布し、前線での士気を高めた。

ベヴァリッジは、英国のような階級社会では社会福祉政策に向けた国民団結が難しいと見ていた。

表9-1　リチャード・ティトマスによる人的資源への関心の4段階

段階	内容	ティトマスが挙げる具体的政策
第1段階	人口の量	国勢調査（人口動態の調査）
第2段階	兵士としての質	国民保健施策（医療、機能回復）、生活支援（各種給付）
第3段階	将来の兵力動員	児童（次世代兵士）の健康増進策：学校での給食・健康診断
第4段階	動員兵士の士気	特権排除、所得・資産の公平分配、家族扶養手当等の支給

出所：Richard M. Titmuss (1963), *Essays on 'the Welfare State,'* 2nd edition, London: Unwin University Booksより作成

例えば1908年に成立した老齢年金制度は、構想から法案成立までに20年以上かかっている。

そこで彼は、戦争が階級を超えた国民団結を生むと期待した。つまりベヴァリッジは、「戦争が引き起こす国民団結」を梃子に「社会福祉政策の実現」を考えた。「ベヴァリッジのリヴァレッジ（梃子）」といったところだ。

戦争を社会福祉向上の機会と捉える考え方は、ケインズに通じるものがある。実際ベヴァリッジとケインズの間には、第二次世界大戦開戦直前から戦中・戦後の社会福祉政策を巡って交流があった。

しかし第二次世界大戦を軍人の戦争ではなく、一般市民のそれと捉えたティトマスの考えはそれとは異なる。命令で動く軍人と異なり、一般市民は各人が内発的な動機で能力を発揮する。彼は社会福祉政策を、内発的能力発揮の基盤と位置づけた。

米国軍事社会学の草分けであるモーリス・ジャノウィッツも、ベヴァリッジに近い立場をとる。総力戦は「貢献も犠牲も平等」という普遍性を強調するので、福祉国家成立のための社会的合意形成に役立つと主張する。

彼の認識では第2次ボーア戦争以来、第二次世界大戦に至っても兵役に不適格という意味で人的資源の質は改善されていなかった。これが達成されるのは、戦時中でなく戦後のことだ。「福祉国家に対する社会的、政治的需要が生み出されるためと、そして個人のために政府が大規模に介入することを社会的に正当化するための両方にとって、全面戦争が必要だった」（ジャノウィッツ『福祉国家のジレンマ』）。

こうして福祉国家建設の焦点は、道徳原理から発する「社会制御」から、戦時動員並みの政府主導の「強制的制御」に移った。

日本は「健兵健民」

欧米での「福祉国家と戦争国家のつながり」は、兵役対象者の体格・学力低下への対応と、戦時の総動員体制を利用した福祉充実の大きく2つの側面があった。前者は人的資源の需要側、後者は供給側からの働きかけである。

それとは異なり、産業革命と社会の近代化がほぼ同時に始まった日本では、小学校の就学率も日露戦争直前の1902年には90％を超えていた（ただし出席率は75％弱）。したがって欧米のように、児童の就業・未就学が大きな社会問題にはならなかった。

その日本でも日華事変の拡大とともに、軍需品増産で工場労働力の不足が目立ち始める。兵力動員や大陸への移民政策などもあり、農村の余剰労働力も減少してきた。

日華事変勃発翌年の1938年1月、厚生省が内務省から分離独立して社会福祉政策が一元管理される体制が整う。これは陸軍主導で進められ、厚生省は国民の体力向上や乳幼児・児童の衛生管理、労働者保護のほか、戦死者遺族や傷病兵に対する公的扶助（軍事扶助）を所管した。人的資源（兵士・労働力）の動員に向けた総力戦体制構築を目指すものだが、壮丁の体格悪化や軍隊内の結核蔓延という問題への対応も視野に入っていた。

その後、東条英機内閣では戦時社会福祉政策を「健兵健民」政策と称した。

このような人的資源不足に鑑み、風早八十二や大河内一男はマルクス主義の立場から、戦争を利用した社会改革の実施を論じた。この社会改革には福祉政策も含まれており、彼らは近衛文麿の助言者としても活動した。彼らの立場は、先に挙げた２つの側面でいうと「供給側からの働きかけ」に当たる。

風早八十二は社会福祉政策の軍事・生産両面での効用を説く。他方で風早は、欧米の社会福祉政策は「資本制労働関係と労働運動の発生」を前提としていたが、日本のそれは「前近代的ないし慈恵的」であり、労使は権利・義務関係というよりは主従関係であると断じた。

また大河内一男は、社会政策を欠くと人的資源の観点から戦争の合理的な準備ができないと主張した。

欧州では戦争に向けた人的資源確保のため、社会福祉政策の必要を19世紀には感じていた。しかし太平洋戦争勃発前まで農村部で余剰労働力を抱えていた日本では、人的資源不足が顕在化するのは１９３０年代後半だった。

しかも対米戦が始まると、戦争の経済負担は大幅に膨らむ。１９４４年にはＧＮＰの半分以上、財政支出の８割近くが戦費に向けられた。こうなると社会福祉政策への余裕もなくなる。結果として日本では、人的資源と社会福祉に関わる議論も数年しか続かなかった。

戦争末期の日本軍では、人的「資源」も19世紀欧州の産業資本顔負けの人的「消耗品」になってしまう。そこには、歴史を通して形成された近代的国民軍とは程遠い姿があった。

4 軍事ケインズ主義

軍備増強と景気回復

ケインズ政策では、不況時には財政支出や低金利政策で経済を刺激して景気回復を目論む。財政支出が公共投資であっても軍備増強に向けられても、有効需要が増えることに変わりはない。「軍事ケインズ主義」とは、景気対策として軍備増強を行うというものだ。武器の調達が増えて兵士も増員されると、景気浮揚や失業率の低下が期待できる。

ただ公共投資は、道路や港湾・空港などの産業インフラを整備する。インフラ整備は、民間企業の生産コスト引き下げにつながる。軍備増強には、このような効果はない。

それでは、ケインズ自身はどのように考えていたか。


欧州で第二次世界大戦が勃発した翌年の1940年7月に、ケインズは「アメリカ合衆国とケインズ・プラン」と題した論稿の中で、参戦直前の米国における国防支出の効用について述べている。要約すると以下のようになる。大恐慌後のニューディール政策では完全雇用を達成できていない。米国は大恐慌前の旺盛な投資が尾を引いた過剰設備の状態なので、完全雇用達成のためには、とにか

表9-2　米独の国防支出・失業率の推移（第二次世界大戦前）

米国			ドイツ		
	国防支出	失業率		国防支出	失業率
1928年	7	4.2%	1932年	6	30.8%
1929年	8	3.2%	●1933年	7	26.3%
●1933年	8	25.2%	1934年	42	14.9%
1934年	7	22.0%	1935年	55	11.6%
1939年	14	17.2%	1936年	103	8.3%
1940年	18	14.6%	1937年	110	5.1%
1941年	62	9.9%	1938年	172	3.6%
1942年	229	4.7%	1939年	323	2.2%

注：国防支出の単位は、米国は億ドル、ドイツは億マルク。1933年に米国でフランクリン・ルーズベルト政権、ドイツでヒトラー政権が誕生した
出所：Bureau of the Census, U.S. Department of Commerce（1976）*Historical statistics of the United States: Colonial times to 1970, Part1 and Part2*, Washington D.C.: U.S. Government Printing Office、塚本健（1964）『ナチス経済――成立の歴史と論理』東京大学出版会、W. フィッシャー（1983）『ヴァイマルからナチズムへ――ドイツの経済と政治 1918-1945』〔加藤栄一訳〕みすず書房より作成

く需要を増やせばいい。それは国防支出の増加でも効果は変わらない。既に欧州で戦争が始まっているので、調整コストのかかる民主的な手続きも容易に克服できる。

実際に米国における1929年に始まった大恐慌の傷は深く、1928年に4・2%だった失業率が1933年には25・2%となった（表9－2）。この年に大統領に就任したフランクリン・ルーズベルトがニューディール政策を始めて失業率も下がり始めるが、第二次世界大戦が勃発した1939年でもまだ17・2%もあった。ところが1941年12月に参戦すると、米国の失業率は1942年に4・7%、1943年には1・9%と急速に改善する。

1939年に14億ドルだった国防支出は、1942年には229億ドルと16倍に増えていた。ケインズが言った通り、米国の景気を本格的に回復させたのはまさに異次元の国防支出であり、それを必要とした総力戦だった。

ナチス政権下のドイツも同様だ。ドイツの失業率

も、1928年には7・0%だったものが1932年には30・8%と急速に悪化した。1933年にヒトラー政権が誕生すると、翌年には国防支出が前年の6倍に跳ね上がり、第二次世界大戦勃発前年の1938年にはさらに4倍以上に膨れ上がった。つまり1933～38年の間に国防支出は25倍となった。そして1938年の失業率は3・6%と完全雇用の水準にまで低下している。

米国カリフォルニア州で民間シンクタンク「日本政策研究所」を開設・主宰したチャルマーズ・ジョンソンは、これを軍事ケインズ主義の成功例と見ている。

ここで注意が必要なのは、景気回復をもたらしたのは戦時の国防支出であって、平時のそれではない点だ。

1940年時点では、米国はまだ参戦していなかった。しかし米国の参戦は時間の問題と見られており、この時期の軍備増強は来るべき総力戦に向けた先行投資でもあった。ドイツの景気回復も「平時」のことではあったが、スペイン内戦（1936～39年）に干渉して軍備も大幅に増強するなど戦時に準じた状態だった。

数年で国防支出を20倍に増やすということは、平時ではとても無理な相談だ。

もっとも冷戦期に現れた軍事ケインズ主義は、平時となった戦後の米国で国防支出が安定した有効需要を創出し続け、完全雇用の達成に貢献したことを評価している。ガルブレイスも、軍事ケインズ主義に経済活動を支える機能があることには触れている。

ただし軍備は元々生産に貢献しないため、長期的には経済面で負担になるという指摘が多い。一橋大学の学長も務めた都留重人は、国防支出による有効需要創出を「ムダの制度化」と表現する。ここで彼が「ムダ」と表現しているのは、「再生産過程に役立たない」という意味である。ただし「再生産過程に役立たない」というだけであれば、警察・消防・司法などへの公共支出も該当する。

また財政が均衡している時に国防支出を増大させると、資金調達のために国債発行をすることになり金利が上昇する。これは民間の経済活動を抑制させる副作用を伴う（クラウディング・アウト）。

縮小し続ける効果

これら需要面からの議論の他に供給面からの議論もある。

国防支出は、冷戦後半期の低成長期に入った米国の労働市場において大きな役割を果たしていた。軍を産業と見た場合には労働集約型であり、非熟練若年労働者の雇用先として大きな存在だ。

彼らは軍で職業訓練も受けられる。これは戦前の日本軍や戦後の自衛隊も含めて、各国の軍で行われている。

また国防支出による装備品開発は軍（国）が行うので、民間企業による技術開発に比べると、資金や時間などのリスクに対する耐性がある。こうして開発された技術が民生転用（スピンオフ）されると、民生部門の生産性向上にも寄与する。

ただ実際には、そう単純なものではないようだ。米国バード大学のＬ・ランダル・レイが調べたところでは、非熟練若年労働者の吸収や軍事技術の軍用技術の民生転用の例はそれほど多くない。むしろ今日では先端技術が軍民両用化されていたり、民生技術が武器に取り入れられる軍事転用（スピンオン）が多くなっている。

さらに軍のハイテク化・高機能化は高学歴の入隊者を必要とし、非熟練若年労働者の入隊機会が奪

表9-3 経済政策手段別の経済効果

政策手段	経済効果		備 考
	短期 需要面	長期 供給面	
国防支出	○	△	用地取得は少ない、軍事技術の民生転用が期待できる 非熟練若年労働者の吸収、軍産結び付きの弊害
公共投資	○	○	建設業は労働力吸収効果が大、社会全体の生産性向上 用地取得に時間がかかる、その費用は有効需要増を圧縮
金融緩和	△	△	「流動性の罠」「デフレ期待」が効果を削減 投資は金利要因だけでは決まらない
規制緩和	△	○	効果の顕在化に時間がかかる 官公庁を含む既得権益者からの強い反対

注：短期の経済効果は主として有効需要の創出を、長期のそれは生産性の向上を意味する

われている。米軍では1974年には中学卒業者・高校中退者は新規入隊者の40％を占めていたが、2005年にはその比率が2％弱となっている。高校進学者が全体として増えているので単純な比較はできないが、軍隊は非熟練労働者への雇用・職業訓練の機会提供という役割も小さくなっている。

要するに軍事ケインズ主義は、冷戦前半期には一定の成果を民間の経済活動に与えた。しかし冷戦後半期以降の社会経済の構造変化を受けて、現在では国防支出によって期待される民間経済への効果は、需要・供給の両面で縮小している。

国防支出を含めた経済政策手段（他に公共投資、金融緩和、規制緩和）の経済効果を、表9－3に示す。国防支出を同じ財政支出である公共投資と比べてみると、国防支出は基本的に土地の取得経費を必要としない分、有効需要の創出効果は大きい。

土地取得に経費がかかると、その分、実際の工事に発注できる額は限られてしまう。土地を売って得た収入は、ほ

とんど消費に回ることはない。たいていは株や債券などへの投資で運用し、金利で安定した収入を得ようとする。土地価格の上昇が、結果的にこうした波及効果（乗数効果）を薄めてしまう。

公共投資で土地を取得する場合、地権者との交渉や環境への影響調査等で時間を要し、取得経費が比較的少額で済んだ場合でも機会損失が発生する。

ところが国防支出の場合は基地や駐屯地を新設しない限り、新たな土地の収用は必要ない。土地価格の上昇はほとんど影響しない。その意味では乗数効果は大きい。

ただし公共投資は、建設業などの労働集約型産業への需要が多い。国防支出は機械工業などの資本集約型産業への需要が中心となるので、所得分配の観点からは公共投資の方が効果は期待できる。

このように有効需要創出効果では国防支出・公共投資のそれぞれに一長一短があるが、生産性の向上においては公共投資の方に分がある。金融緩和や規制緩和は、それぞれ有効需要創出は対象外（規制緩和）であるか間接的（金融緩和）である一方、規制緩和は長期的な生産性の向上を政策目標としている。

なお軍事ケインズ主義には、制度面での懸念も示されている。ガルブレイスは軍産の結び付きが強まる弊害を指摘し、ケンブリッジ学派のジョーン・ロビンソンも冷戦期の国防支出増大は軍産複合体の勢力を拡大させたと述べている。

軍産複合体については、節を改めて述べることにする。

5 軍産複合体

アイクのぼやき

「我々は軍産複合体による不当な影響力の獲得を警戒しなければならない」

米国のドワイト・D・アイゼンハワー大統領は、1961年1月17日の退任演説で「軍産複合体」の存在に警鐘を鳴らした。冷戦期の軍と軍需産業との結び付きは、第二次世界大戦では欧州の連合国軍最高司令官を務めた彼をもってしても危機感を募らせるほど強固かつ独善的だった。しかし軍産関係の歴史をたどると、軍産複合体は相思相愛で出来上がったもので、アイク（アイゼンハワーの愛称）のぼやきも今更感がなくもない。

軍と商工業が関係を深めるのは、自給自足から脱却して貨幣経済・交換経済が広く浸透したことが契機となった。欧州ではルネサンスから産業革命に至る近世（16〜18世紀）において、軍の消費活動が商業・製造業と結び付く。16世紀の英国とフランスでは、それまで徴発に依存していた陸海軍用の食料供給が商取引に切り替わり、軍需品御用商人の誕生につながった。軍産複合体の原始的な形だ。17〜18世紀になると、軍需品調達取引は食料から武器弾薬や軍馬、被服などに広がった。

ただ日本では様相が異なっていた。

戊辰戦争（1868〜69年）では、新政府軍・旧幕府軍ともに輸入で新式武器を調達したことから、武器製造業と商業の大部分は外国資本に依存せざるを得なかった。したがって国内資本を軸とした軍産の結び付きは、主に軍と金融業の間で形成された。これが「政商」に発展する。

ところが未曽有の総力戦となった第一次世界大戦では、軍需品も従来型の商取引では到底調達し切れなかった。つまり第一次世界大戦で軍産の関係が、特権的「商取引」から強制力を伴う普遍的「動員」へと変化する。

英国で１９１５年に戦時経済を担当する機関として軍需省、ドイツでは１９１６年に戦時局、そして米国でも１９１８年に戦時産業局がそれぞれ設置された。

カリフォルニア州立大学教授だったポール・コイスティネンは、第一次世界大戦時の産業動員政策を後の軍産複合体制につながるものと見ている。ただ米国では政府による規制は支持されにくい社会風土がある。さらには産業動員・統制を実施するにしても、当時の連邦政府には必要な人材や情報、そして経験を欠いていた。

このため政府主導というよりは米国商工会議所主導、産業側自身による自主統制の形で始められ、連邦政府や軍も産業界に付いていくだけだった。


第二次世界大戦時のドイツでは国家統制下でカルテルが組織され、独占が進む一方で労働組合は禁止された。チャルマーズ・ジョンソンは、こうしたナチス政権とドイツ製造業の関係を「同盟」と表現する。日本でも野口悠紀雄が言う「１９４０年体制」が形成される中で、政府による産業統制や企業再編が実施された。

伝統的に政府の経済活動への介入を好まない米国も例外ではない。第二次世界大戦中には政府・軍が産業界に対し積極的に関与した。政府による「積極的関与」は戦後も続く。

戦争中に膨張した生産設備は、戦後には過剰設備となって企業には償却負担が大きくのしかかる。このため米国では1946年に「雇用法」が制定され、雇用と生産と購買力の促進が連邦政府の責任であることが明記された。これは景気・雇用対策だが、軍産の接近にもお墨付きを与えることになる。冷戦期に入ると、軍産関係を緊密化させる新たな要因が生まれる。科学技術の急速な発達だ。米ソは競って偵察衛星を打ち上げ、核弾頭ミサイルは原子力潜水艦に搭載された。超音速戦闘機が原子力空母から出撃し、レーダーとコンピュータで管制を受ける。

航空宇宙、核・原子力、情報通信などの技術開発・製造・維持には高度な技術力と莫大な資金を必要とした。軍としても、これらの企業が経営不振に陥ると運用に支障が生じる。否が応でも両者の結び付きは強くなる。

排他的エリートの共鳴

第二次世界大戦から冷戦期にかけて防衛産業は、科学技術の発展、武器市場の独占化、そして企業自身の官僚組織化に直面した。

防衛産業のように資本集約的・技術集約的な産業の場合、巨大な生産設備が必要なため固定費の負担が大きくなる。このような産業は新規参入が事実上不可能で、市場の自然独占を招く。冷戦後の科学技術の高度化はこの傾きに拍車をかけ、防衛産業は「大き過ぎて潰せない」存在となった。

さらに科学技術の進歩は、企業の意思決定を複雑なものにした。技術以外の営業・広告戦略・財務・法務・総務などが関わる。分野横断的な調整役も欠かせない。必然的に企業の官僚組織化が進む。こうした組織で意思決定に関わる専門家たちを、ガルブレイスは「テクノストラクチュア」と呼んだ。

経営学者ピーター・ドラッカーは、1950～70年代に民間企業や官公庁で現れた中間管理職である「知識専門職」について、伝統的な中間管理職とは異なり「知識をよりどころとして意思決定を下し」「その企業全体の業績能力や、成果や、将来の方向に影響を与える」と述べている（ドラッカー『マネジメント』）。ガルブレイスが示すテクノストラクチュアは、ドラッカーの言う「知識専門職」が官僚組織化されたものと見ることもできる。

これは軍も同じだ。企業と同じように軍でも意思決定時に考慮すべき項目は増え、テクノストラクチュア（＝知識専門職）の存在を必要としていた。つまり第二次世界大戦時に産業動員体制として形成された軍産それぞれの官僚組織が、戦後にはテクノストラクチュア集団へと変容して生き残った。

テクノストラクチュア的な官僚組織では、組織をまたがって「選ばれし者」という意識が働く。選民意識が突き動かした排他的エリート主義で、マックス・ウェーバーの官僚制観に通じるものがある。しかし冷戦期の軍産関係を鑑みると、この「排他的エリートの共鳴」は各組織を超えた、「軍産を包含する拡大テクノストラクチュア」の形成につながっている。

有権者・納税者の責務

科学技術の発達と産業構造が引き起こす市場独占。そして軍産官僚組織の排他的エリートの共鳴。これらの組み合わせが軍産複合体を築き上げた。

これは何も、資本主義経済に限ったことではない。共産主義のソ連でも「独占化した国営防衛企業」と「軍産双方の官僚主義」の相互依存が存在した。

ロシア国立人文大学のイリーナ・ブィストロワは、ソ連の軍産複合体制は1960年代半ばには完成したと見ている。その後のソ連は、米国に比べて4～5年遅れていた軍事技術格差を解消しようとした。1980年代のソ連では、軍産複合体は研究開発費全体の75％を占めGDPの25％を産出していた。また核弾頭の配備数でも、米国が一定数を維持したのに対してソ連は増加を続けた。

経済規模の小さいソ連が米国と同等の軍事力を維持するためには、経済合理性を差し置いた財政政策（国防支出）を行う必要がある。これについては、第2章（マクロ経済学）でも述べた。言い換えると、ソ連の軍産複合体制は国営企業の償却負担を看過する政治力を発揮した。

経済合理性を政治的に押し潰した軍産関係は永続性を欠く。1991年12月のソ連崩壊は起こるべくして起こった。

ところでガルブレイスは、1969年に『軍産体制論』という小冊子を刊行している。そこで主張しているのは、必ずしも軍産複合体の排除・解体ではない。これまで見てきたように、軍産複合体制もある意味で合理性の産物だ。

問題は、軍産複合体が議会や納税者を主導するようになり、主従関係が逆転していることにある。いわゆる「プリンシパル・エージェント問題」が生じている。

軍産の排他的エリートたちが築き上げる複合体は岩盤の如く硬い。関係が硬いだけならまだしも、往々にして頭も硬く「現状維持バイアス」が強く働く。そこでは形成される既得権益は部分的な合理性であって、多くの場合、全体の経済合理性と合致しない。合成の誤謬である。ガルブレイスが強く求めているのは、これを突き崩す政治の指導力だ。有権者・納税者には、それを厳しく見定める責務がある。

あとがき

半世紀近くも前のことだ。宝塚市内を南北に走る阪急電車・今津線の逆瀬川駅を東に入った路地裏に、半地下の店舗で営業している書店があった。中学校への進学祝いに親戚からもらった図書券で何を買おうかと、そこで書棚を物色していたら1冊の本が目に留まった。

背表紙には『続ヒコーキの心』と書いてある。著書は航空工学者でエッセイストの佐貫亦男。カバーでは翠緑の空に挟まれた白い雲を背に、おおば比呂司の描く第二次世界大戦後半に活躍した戦闘爆撃機ホーカー・タイフーンが飛んでいた。

飛行機好きだったこともあり、書名に惹かれて手に取ってみた。「心」とあるので、叙情的な内容かなとも思った。しかしその実は、技術上の特徴・属人的逸話・風土や国民性・時代背景などを織り交ぜて、航空史を飾った飛行機を語る随筆だった。

この後、中高生の期間を通して、彼の一連の著作を読みふけることになる。

本書では戦争と経済が織りなす時代の流れについて、経済理論・和洋の比較・世相や余話を挟みながら、気の向くままに筆を運んでみた。その際、常に頭に浮かんだのは佐貫亦男の軽快な筆致だった。「目標にした」と言ってもいい。

果たして、どこまで「目標」に近づくことができたか。ただ書いている本人が、大いに楽しんでいたことは間違いない。これは日経ＢＰで編集を担当していただいた堀口祐介氏に負うところも大きい。

原稿の完成が予定から半年近く遅くなってしまったのは、「大いに楽しんで」道草を食ったことも原因だ。結果的に堀口氏の厚意に甘えることになり、この場を借りてお礼とお詫びを申し上げたい。また、書き振りについても助言を惜しまなかった、妻の陽子にも感謝したい。

道草そのものは悪いことではない。私は研究職として経済と軍事・安全保障の問題を追いかけているが、何かを調べている途中での道草は日常茶飯事だ。大きく脱線することもままある。始末が悪いことに、この道草・脱線はやり出すと止まらない。原稿の仕上がりも遅れるわけだ。

生来が貧乏性でもあり、道草や脱線に呆けて得たものは、大抵「いずれ役に立つだろう」と取っておく。実際に本書でも、過去に調べたものを引っ張り出してきて、組み入れた部分がいくつかある。古くかすかな記憶に残っているものなどは、同窓会で旧友に再会したような懐かしさから、調べ直しにも熱が入る。こんなことも著作を仕上げる醍醐味だ。

本書に収まり切らなかったものも少なくない。経済と戦争の関わりは左様に広く、そして深い。今回は取り上げを見送ったものも、「いずれ役に立つだろう」。次の楽しみまで取っておくことにする。

令和6（2024）年2月

小野 圭司

参考文献（和文書籍を初出時のみに記載）

【まえがき】

・A・アインシュタイン、S・フロイト（2016）『ひとはなぜ戦争をするのか』〔浅見昇吾訳〕講談社学術文庫

【第1章】

・池上裕子（2012）『織田信長』吉川弘文館
・新田次郎（1987）『武田信玄　山の巻』文藝春秋
・『孟子（上）』（1968）〔小林勝人訳注〕岩波文庫
・日本放送協会編（1988）『歴史への招待　7』日本放送出版協会
・勝安芳（1907）『海舟日誌』開国社
・ヴェルナー・ゾンバルト（2010）『戦争と資本主義』〔金森誠也訳〕講談社学術文庫
・W・マクニール（2002）『戦争の世界史――技術と軍隊と社会』〔高橋均訳〕刀水書房
・マックス・ウェーバー（1960）『支配の社会学　I』〔世良晃志郎訳〕創文社
・武市銀治郎（1999）『富国強馬――ウマからみた近代日本』講談社選書メチエ
・スザンナ・フォーレスト（2017）『人と馬の五〇〇〇年史――文化・産業・戦争』〔松尾恭子訳〕原書房
・陸軍省編（2005）『日清戦争統計集――明治二十七・八年戦役統計　上巻1』海路書院
・陸軍省編（1995）『日露戦争統計集　第8巻』東洋書林
・陸軍省編（1995）『日露戦争統計集　第11巻』東洋書林
・大瀧真俊（2013）『軍馬と農民』京都大学学術出版会
・日本統計研究所編（1958）『日本経済統計集――明治・大正・昭和』〔大内兵衛監修〕日本評論新社
・マーティン・J・ドアティ（2011）『図説　古代の武器・防具・戦術百科』〔野下祥子訳〕原書房

・W・G・パゴニス（1992）『山・動く――湾岸戦争に学ぶ経営戦略』〔ジェフリー・クルクシャンク編、佐々淳行監修〕同文書院インターナショナル
・B・R・ミッチェル（1995）『イギリス歴史統計』〔犬井正監訳、中村壽男訳〕原書房
・鈴木直志（2003）『世界史リブレット80　ヨーロッパの傭兵』山川出版社
・菊池良生（2002）『傭兵の二千年史』講談社現代新書
・藤木久志（2005）『新版　雑兵たちの戦場――中世の傭兵と奴隷狩り』朝日新聞社
・東郷隆（2007）『歴史・時代小説ファン必携　絵解き　雑兵足軽たちの戦い』〔上田信　絵〕講談社文庫
・小和田哲男監修（2018）『戦国　戦の作法』ジー・ビー
・グリンメルスハウゼン（1954）『阿呆物語（中）』〔望月市恵訳〕岩波文庫
・ラインハルト・バウマン（2002）『ドイツ傭兵の文化史――中世末期のサブカルチャー／非国家組織の生態誌』〔菊池良生訳〕新評論
・マーチン・ファン・クレフェルト（2006）『補給戦――何が勝敗を決定するのか』〔佐藤佐三郎訳〕中公文庫BIBLIO
・『雑兵物語　おあむ物語　附　おきく物語』（1943）〔中村通夫、湯沢幸吉郎校訂〕岩波文庫
・サイモン・スポルディング（2021）『船の食事の歴史物語――丸木舟、ガレー船、戦艦から豪華客船まで』〔大間知知子訳〕原書房
・デフォー（1946）『ロビンソン・クルーソー（一）』〔野上豊一郎訳〕岩波文庫
・小澤滋（1939）『日本兵食史論（下巻）』峯文社
・瀬間喬（1985）『日本海軍食生活史話』海援舎
・高森直史（2018）『海軍カレー伝説』潮書房光人新社
・『孫子』（1963）〔金谷治訳注〕岩波文庫
・桑田悦編（1995）『近代日本戦争史　第1編』〔奥村房夫監修〕同台経済懇話会

【第2章】

- 山田邦紀(2017)『軍が警察に勝った日——昭和八年ゴー・ストップ事件』現代書館
- A・トインビー(1959)『戦争と文明』〔山本新・山口光朔訳〕社会思想社
- 藤原辰史(2011)『カブラの冬——第一次世界大戦期ドイツの飢饉と民衆』人文書院
- スターリン(1953)『ソ同盟の偉大な祖国防衛戦争』〔清水邦生訳〕国民文庫
- 森靖夫(2020)『「国家総動員」の時代——比較の視座から』名古屋大学出版会
- 副島種典編著(1963)『ソヴェト経済の歴史と理論』日本評論社
- 有木宗一郎(1972)『ソ連経済の研究——1917-1969年』三一書房
- ヴォズネセンスキー(1949)『大祖国戦争期におけるソ同盟戦時経済』〔政治経済研究所訳〕政治経済研究所
- ペルシウス、ユウェナーリス(2012)『ローマ諷刺詩集』〔国原吉之助訳〕岩波文庫
- 山内進(1993)『掠奪の法観念史——中・近世ヨーロッパの人・戦争・法』東京大学出版会
- ロジェ・カイヨワ(1974)『戦争論——われわれの内にひそむ女神ベローナ』〔秋枝茂夫訳〕法政大学出版局
- マヤコフスキー(2016)『ヴラジーミル・イリイチ・レーニン』〔小笠原豊樹訳〕土曜社

【第3章】

- 竹越与三郎編(1925)『日本経済史　第5巻』日本経済史刊行会
- 山本有造(1994)『両から円へ——幕末・明治前期貨幣問題研究』ミネルヴァ書房
- 大蔵省財政史室編(1982)『昭和財政史——終戦から講和まで　第5巻　歳計(1)』〔鈴木武雄・安藤良雄監修〕東洋経済新報社
- チャールズ・アダムズ(2005)『税金の西洋史』〔西崎毅訳〕ライフリサーチプレス
- ローズマリ・サトクリフ(2004)『ロビン・フッド物語』〔山本史郎訳〕原書房
- ウィリアム・シェイクスピア(1983)『ジョン王』〔小田島雄志訳〕白水社

・ジョルジュ・カステラン（1955）『軍隊の歴史』〔西海太郎・石橋英夫訳〕白水社
・諸富徹（2013）『私たちはなぜ税金を納めるのか――租税の経済思想史』新潮選書
・佐藤猛（2020）『百年戦争――中世ヨーロッパ最後の戦い』中公新書
・ルワンソーン（1937）『戦争は儲かるか』〔永井直二訳〕昭森社
・カント（1985）『永遠平和のために』〔宇都宮芳明訳〕岩波文庫
・アダム・トゥーズ（2019）『ナチス　破壊の経済　1923-1945（上）』〔山形浩生・森本正史訳〕みすず書房
・高橋是清（1976）『高橋是清自伝（下）』〔上塚司編〕中公文庫
・鵜飼政志（2002）『幕末維新期の外交と貿易』校倉書房
・富田俊基（2006）『国債の歴史――金利に凝縮された過去と未来』東洋経済新報社
・ジョン・メイナード・ケインズ（1977）『ケインズ全集　第2巻　平和の経済的帰結』〔早坂忠訳〕東洋経済新報社
・大蔵省財政史室編（1983）『昭和財政史――終戦から講和まで　第11巻　政府債務』東洋経済新報社
・フィリス・ジェスティス（2021）『中世の騎士――武器と甲冑・騎士道・戦闘技術』〔大間知知子訳〕原書房
・J・J・ルソー（1954）『社会契約論』〔桑原武夫ほか訳〕岩波文庫
・高石末吉（1970）『覚書終戦財政始末　第1巻』大蔵財務協会
・占領軍調達史編さん委員会編（1955）『占領軍調達史　統計編――占領経費に関する統計』調達庁総務部調査課

【第4章】

・松本清張（1965）『西郷札　傑作短編集（三）』新潮文庫
・マックス・ウェーバー（1955）『一般社会経済史要論　下巻』〔黒正巌・青山秀夫訳〕岩波書店
・『アリストテレス全集15　政治学・経済学』（1969）〔山本光雄・村川堅太郎訳〕岩波書店
※「経済学」は『アリストテレス全集』に所収されているが、アリストテレスの著作ではない。

・城戸毅（2010）『百年戦争――中世末期の英仏関係』刀水書房
・本山美彦（1986）『貨幣と世界システム――周辺部の貨幣史』三嶺書房
・R・P・シャーキー（1988）『貨幣、階級および政党――南北戦争＝再建の経済的研究』〔楠井敏朗訳〕多賀出版
・時事新報社編（1935）『回顧三十年　日露戦争を語る――外交・財政の巻』時事新報社
・神山恒雄（1995）『明治経済政策史の研究』塙書房
・日本銀行百年史編纂委員会編（1982）『日本銀行百年史　第1巻』日本銀行
・大蔵省造幣局（1974）『造幣局百年史　資料編』大蔵省造幣局
・日本銀行百年史編纂委員会編（1986）『日本銀行百年史　資料編』日本銀行
・竹山道雄（1983）『竹山道雄著作集2　スペインの贋金』福武書店
・植村峻（2004）『贋札の世界史』日本放送出版協会
・山本憲蔵（1984）『陸軍贋幣作戦――計画・実行者が明かす日中戦秘話』徳間書店
・岩武照彦（1990）『近代中国通貨統一史――十五年戦争期における通貨戦争（下）』みすず書房
・ローレンス・マルキン（2008）『ヒトラー・マネー』〔徳川家広訳〕講談社
・ジョン・メイナード・ケインズ（1981）「戦費調達論」『ケインズ全集　第9巻　説得論集』〔宮崎義一訳〕東洋経済新報社
・中村隆英・溝口敏行編（1994）『第二次大戦下　生活資材闇物価集計表――中央物価統制協力会議調査・関成一氏作成保存資料』一橋大学経済研究所・日本経済統計情報センター
・満州中央銀行史研究会編（1988）『満州中央銀行史――通貨・金融政策の軌跡』東洋経済新報社
・経済企画庁（1956）『年次経済報告（経済白書）　昭和31年度』経済企画庁
・井上準之助（1982）「東洋に於ける日本の経済上及び金融上の地位」井上準之助論叢編纂会編『井上準之助(2)論叢　二（復刻版）』原書房

【第5章】

・パウル・アインチッヒ（1939）『戦争の経済的研究──次期大戦における列国経済の分析』〔勝谷在登訳〕白揚社
・ヴォルテール（1982）『ルイ十四世の世紀（三）』〔丸山熊雄訳〕岩波文庫
・佐村明知（1995）『近世フランス財政・金融史研究──絶対王政期の財政・金融と「ジョン・ロー・システム」』有斐閣
・チャールズ・マッケイ（2004）『狂気とバブル──なぜ人は集団になると愚行に走るのか』〔塩野未佳・宮口尚子訳〕パンローリング
・ダン・ブラウン（2004）『ダ・ヴィンチ・コード（上）』〔越前敏弥訳〕角川書店
・佐藤賢一（2018）『テンプル騎士団』集英社新書
・篠田雄次郎（2014）『テンプル騎士団』講談社学術文庫
・ダン・ジョーンズ（2021）『テンプル騎士団全史』〔ダコスタ吉村花子訳〕河出書房新社
・橋口倫介（1994）『十字軍騎士団』講談社学術文庫
・『日本古典文学大系32　平家物語（上）』（1959）〔高木市之助ほか校注〕岩波書店
・『古事記（上）』（1962）〔神田秀夫・太田善麿校註〕朝日新聞社
・伊藤正敏（2008）『寺社勢力の中世──無縁・有縁・移民』ちくま新書
・渡辺守順（2016）『僧兵盛衰記』吉川弘文館
・井原今朝男（2011）『日本中世債務史の研究』東京大学出版会
・今井清孝（1979）『マーチャント・バンカーズ　上巻』東京布井出版
・J・クラパム（1970）『イングランド銀行──その歴史　1』〔英国金融史研究会訳〕ダイヤモンド社
・藤田幸雄（1987）『中央銀行の形成──イングランド銀行の史的展開』多賀出版
・大内兵衛・土屋喬雄編（1931）『明治前期財政経済史料集成　第一巻』改造社
・明治財政史編纂会編（1905）『明治財政史　第十三巻　銀行(2)』丸善

・アルフォンス・ドーデー（1950）『月曜物語』〔永井順訳〕白水社仏蘭西文庫
・高橋是清（1976）『高橋是清自伝（下）』〔上塚司編〕中公文庫
・G・トレップ（2000）『国際決済銀行の戦争責任――ナチスと手を組んだセントラルバンカーたち』〔駒込雄治・佐藤夕美訳〕日本経済評論社
・矢後和彦（2010）『国際決済銀行の20世紀』蒼天社出版

【第6章】

・東京都立大学学術研究会編（1970）『目黒区史　本編』東京都目黒区
・太田弘毅（1997）『蒙古襲来――その軍事史的研究』錦正社
・笠谷和比古・黒田慶一（2000）『秀吉の野望と誤算――文禄・慶長の役と関ケ原合戦』文英堂
・高橋裕史（2012）『武器・十字架と戦国日本――イエズス会宣教師と「対日武力征服計画」の真相』洋泉社
・フリードリヒ・エンゲルス（1968）『反デューリング論』ドイツ社会主義統一党中央委員会付属マルクス＝レーニン主義研究所編『マルクス＝エンゲルス全集　第20巻』〔大内兵衛・細川嘉六監訳〕大月書店
・小山弘健（1972）『図説　世界軍事技術史』芳賀書店
・ノエル・ペリン（1991）『鉄砲を捨てた日本人――日本史に学ぶ軍縮』〔川勝平太訳〕中公文庫
・宇田川武久（2013）『鉄炮伝来――兵器が語る近世の誕生』講談社学術文庫
・宇田川武久（2010）『江戸の砲術師たち』平凡社新書
・山本義隆（2007）『一六世紀文化革命（2）』みすず書房
・所荘吉（2006）『新版　図解古銃事典』雄山閣
・中江秀雄（2022）『日本の大砲とその歴史』雄山閣
・木元寛明（2017）『戦術の本質――戦いには不変の原理・原則がある』SBクリエイティブ
・勝田貞次（1937）『戦争の経済学』春秋社
・J・B・コーヘン（1950）『戦時戦後の日本経済　上巻』〔大内兵衛訳〕岩波書店

・柴田隆一・中村賢治（1981）『陸軍経理部』芙蓉書房
・山崎俊雄（1961）『日本現代史大系　技術史』東洋経済新報社
・司馬遼太郎（1970）『坂の上の雲（三）』文藝春秋
・金子栄一編（1964）『現代日本産業発達史　9』現代日本産業発達史研究会
・島崎藤村（1969）『夜明け前　第一部（下）』岩波文庫
・アダム・スミス（1978）『国富論Ⅱ』〔大河内一男監訳〕中公文庫
・山本七平（1977）『「空気」の研究』文藝春秋
・室山義正（1984）『近代日本の軍事と財政――海軍拡張をめぐる政策形成過程』東京大学出版会
・細井和喜蔵（1954）『女工哀史』岩波文庫
・山本茂美（1972）『新版あゝ野麦峠――ある製糸工女哀史』朝日新聞社

【第7章】

・松浦鎮信（1903）『武功雑記　三』〔松浦詮編〕青山清吉
・堀田璋左右・川上多助編（1915）『日本偉人言行資料　東照宮御実紀附録　第二』国史研究会
・アリストパネース（2008）「アカルナイの人々」〔久保田忠利・中務哲郎編〕『ギリシア喜劇全集1』〔野津寛・平田松吾・橋本隆夫訳〕岩波書店
・栃内曽次郎編（1929）「鉄炮記」『増修洋人日本探検年表』岩波書店
・湯次行孝（1996）『別冊淡海文庫5　国友鉄砲の歴史』サンライズ出版
・安野眞幸（2014）『教会領長崎――イエズス会と日本』講談社選書メチエ
・ルシオ・デ・ソウザ、岡美穂子（2021）『増補新版　大航海時代の日本人奴隷――アジア・新大陸・ヨーロッパ』中公選書
・山内進編（2006）『「正しい戦争」という思想』勁草書房
・宇田川武久（2006）『真説　鉄砲伝来』平凡社新書

・服部英雄（2003）『歴史を読み解く――さまざまな史料と視角』青史出版
・住友修史室編（1967）『泉屋叢考　第13輯』住友金属鉱山大阪支社
・住友資料館編（2013）『住友の歴史　上巻』〔朝尾直弘監修〕思文閣出版
・ジョン・キーガン（2018）『戦場の素顔――アジャンクール、ワーテルロー、ソンム川の戦い』〔高橋均訳〕中央公論新社
・ジョン・キーガン（1997）『戦略の歴史――抹殺・征服技術の変遷　石器時代からサダム・フセインまで』〔遠藤利国訳〕心交社
・『稲富流砲術秘伝授書』（1554）〔京都大学付属図書館蔵〕
・羽田正（2017）『興亡の世界史　東インド会社とアジアの海』講談社学術文庫
・飯倉章（2017）『1918年最強ドイツ軍はなぜ敗れたのか――ドイツ・システムの強さと脆さ』文春新書
・藤原辰史（2011）『カブラの冬――第一次世界大戦期ドイツの飢饉と民衆』人文書院
・宇田川武久（2002）『鉄砲と戦国合戦』吉川弘文館
・ニコラス・J・スパイクマン（2021）『米国を巡る地政学と戦略――スパイクマンの勢力均衡論』〔小野圭司訳〕芙蓉書房出版
・有木宗一郎（1972）『ソ連経済の研究――1917-1969年』三一書房
・河村哲二（1998）『第二次大戦期アメリカ戦時経済の研究――「戦時経済システム」の形成と「大不況」からの脱却過程』御茶の水書房
・外山三郎（1987）『日露海戦新史』東京出版
・防衛庁防衛研修所戦史室編（1967）『戦史叢書　ハワイ作戦』朝雲新聞社
・防衛庁防衛研修所戦史室編（1971）『戦史叢書　海上護衛戦』朝雲新聞社
・塩山策一ほか（2017）『変わりダネ軍艦奮闘記』潮書房光人社
・防衛庁防衛研修所戦史部（1979）『戦史叢書　潜水艦史』朝雲新聞社
・外務省編（1977）『終戦史録4』北洋社

・内閣官房内閣審議室分室・内閣総理大臣補佐官室編（1980）『大平総理の政策研究会報告書5　総合安全保障戦略』大蔵省印刷局

【第8章】

・ゲーテ（1960）『ゲーテ全集　第三巻』〔小牧健夫ほか編、岩淵達治ほか訳〕人文書院
・サイモン・アングリムほか（2008）『戦闘技術の歴史1　古代編』〔松原俊文監修、天野淑子訳〕創元社
・アーサー・フェリル（1988）『戦争の起源――石器時代からアレクサンドロスにいたる戦争の古代史』〔鈴木主税・石原正毅訳〕河出書房新社
・カール・マルクス（1993）『マルクス　資本論草稿集②――1857-58年の経済学草稿』〔資本論草稿集翻訳委員会訳〕大月書店
・フランコ・サケッティ（1981）『ルネッサンス巷談集』〔杉浦明平訳〕岩波文庫
・笹間良彦（1991）『生活史叢書17　下級武士足軽の生活』雄山閣出版
・福田豊彦（1995）『中世成立期の軍制と内乱』吉川弘文館
・磯田道史ほか（2018）『戦乱と民衆』講談社現代新書
・『日本古典文学体系35　太平記二』（1961）〔後藤丹治・釜田喜三郎校注〕岩波書店
・『日本古典文学体系36　太平記三』（1962）〔後藤丹治・岡見正雄校注〕岩波書店
・高木昭作（1990）『日本近世国家史の研究』岩波書店
・『戦国史料叢書2　信長公記』（1965）〔桑田忠親校注〕人物往来社
・京都大学文学部西洋史研究室編（1955）『傭兵制度の歴史的研究』比叡書房
・下村寅太郎（1975）『ルネッサンス的人間像――ウルビーノの宮廷をめぐって』岩波新書
・森田安一（2000）『物語　スイスの歴史――知恵ある孤高の小国』中公新書
・ヨハンナ・スピリ（1954）『アルプスの少女』〔関泰祐・阿部賀隆訳〕角川文庫
・シルレル（シラー）（1943）『三十年戦史　第一部』〔渡辺格司訳〕岩波文庫

・永原慶二（2019）『戦国時代』講談社学術文庫
・ルシオ・デ・ソウザ、岡美穂子（2021）『増補新版　大航海時代の日本人奴隷――アジア・新大陸・ヨーロッパ』中公選書
・小和田哲男（1987）『山田長政――知られざる実像』講談社
・ヘミングウェイ（1973）『誰がために鐘は鳴る（下）』〔大久保康雄訳〕新潮文庫
・P・W・シンガー（2004）『戦争請負会社』〔山崎淳訳〕日本放送出版協会
・ロルフ・ユッセラー（2008）『戦争サービス業――民間軍事会社が民主主義を蝕む』〔下村由一訳〕日本経済評論社
・緒方貞子（2006）『紛争と難民――緒方貞子の回想』集英社

【第9章】

・ジョン・K・ガルブレイス（1978）『不確実性の時代』〔都留重人監訳〕TBSブリタニカ
・伊東光晴（2016）『ガルブレイス――アメリカ資本主義との格闘』岩波新書
・エーリヒ・ルーデンドルフ（2015）『ルーデンドルフ　総力戦』〔伊藤智央訳〕原書房
・A・C・ピグー（1932）『戦争経済学』〔高橋清三郎訳〕内外社
・ジョン・メイナード・ケインズ（1981）「戦費調達論」『ケインズ全集　第9巻　説得論集』〔宮崎義一訳〕東洋経済新報社
・中山伊知郎（1941）『戦争経済の理論』日本評論社
・カール・マルクス、フリードリヒ・エンゲルス（1960）「共産党宣言」ドイツ社会主義統一党中央委員会付属マルクス＝レーニン主義研究所編『マルクス＝エンゲルス全集　第4巻』〔大内兵衛・細川嘉六監訳〕大月書店
・フリードリヒ・エンゲルス（1960）『イギリスにおける労働者階級の状態』ドイツ社会主義統一党中央委員会付属マルクス＝レーニン主義研究所編『マルクス＝エンゲルス全集　第2巻』〔大内兵衛・細川嘉六監訳〕大月書店
・ユーゴー（1960）『世界名作全集14　レ・ミゼラブルⅠ』〔豊島与志雄訳〕筑摩書房

・カール・マルクス、フリードリヒ・エンゲルス（1966）『資本論 第2巻』ドイツ社会主義統一党中央委員会付属マルクス＝レーニン主義研究所編『マルクス＝エンゲルス全集 第24巻』〔大内兵衛・細川嘉六監訳〕大月書店
・ウラジーミル・レーニン（1957）「資本主義の再興の段階としての帝国主義」ソ同盟共産党中央委員会付属マルクス＝エンゲルス＝レーニン研究所編『レーニン全集 第22巻』〔マルクス＝レーニン主義研究所訳〕大月書店
・ヒルファディング（1982）『金融資本論（上）』〔岡崎次郎訳〕岩波文庫
・山之内靖（1995）「方法的序論」山之内靖ほか編『総力戦と現代化』柏書房
・百瀬孝（1997）『日本福祉制度史──古代から現代まで』ミネルヴァ書房
・木村靖二編（2001）『新版世界各国史13 ドイツ史』山川出版社
・川本和良（1997）『ドイツ社会政策・中間層政策史論Ⅰ』未來社
・パット・セイン（2000）『イギリス福祉国家の社会史──経済・社会・政治・文化的背景』〔深澤和子・深澤敦訳〕ミネルヴァ書房
・右田紀久恵ほか編（2001）『社会福祉の歴史──政策と運動の展開〔新版〕』有斐閣選書
・美馬孝人（2000）『イギリス社会政策の展開 現代経済政策シリーズ3』日本経済評論社
・R・J・クーツ（1977）『イギリス社会福祉発達史──福祉国家の形成』〔星野政明訳〕風媒社
・相沢忠洋（1973）『「岩宿」の発見──幻の旧石器を求めて』講談社文庫
・R・M・ティトマス（1967）『福祉国家の理想と現実』〔谷昌恒訳〕社会保障研究所
・小峯敦（2007）『ベヴァリッジの経済思想──ケインズたちとの交流』昭和堂
・モーリス・ジャノウィッツ（1980）『福祉国家のジレンマ──その政治・経済と社会制御』〔和田修一訳〕新曜社
・文部省編（1972）『学制百年史』帝国地方行政学会
・大江志乃夫（1974）『国民教育と軍隊──日本軍国主義教育政策の成立と展開』新日本出版社
・厚生省20年史編集委員会編（1960）『厚生省20年史』厚生問題研究会
・鍾家新（1998）『日本型福祉国家の形成と「十五年戦争」』ミネルヴァ書房
・協調会編（1940）『戦時社会政策（ドイツ篇）』協調会

・風早八十二（1947）『日本社会政策史　第2版』日本評論社
・協調会編（1939）『戦時社会政策（フランス篇）』協調会
・大蔵省財政史室編（1955）『昭和財政史　第3巻　歳計』東洋経済新報社
・杉山伸也、ジャネット・ハンター編（2001）『日英交流史1600-2000　4経済』東京大学出版会
・杉山伸也（1993）『明治維新とイギリス商人――トマス・グラバーの生涯』岩波新書
・渡辺房男（2010）『お金から見た幕末維新――財政破綻と円の誕生』祥伝社新書
・三井銀行調査部（1984）『物語　三井両替店』東洋経済新報社
・小林正彬（1987）『政商の誕生――もうひとつの明治維新』東洋経済新報社
・E・シエルベニンク（1939）『戦時産業動員論――各国産業動員計画』〔救仁郷繁・渋川貞樹訳〕白揚社
・村瀬興雄（1954）『ドイツ現代史』東京大学出版会
・ジョン・メイナード・ケインズ（1971）「アメリカ合衆国とケインズ・プラン」宮崎義一・伊東光晴編『世界の名著57　ケインズ　ハロッド』〔宮崎義一・中内恒夫訳〕中央公論社
・塚本健（1964）『ナチス経済――成立の歴史と論理』東京大学出版会
・W・フィッシャー（1982）『ヴァイマルからナチズムへ――ドイツ経済と政治　1918-1945』〔加藤栄一訳〕みすず書房
・都留重人（1975）『都留重人著作集　第3巻――資本主義と経済発展の課題』講談社
・野口悠紀雄（2010）『1940年体制――さらば戦時経済（増補版）』東洋経済新報社
・R・ディグラス（1987）『アメリカ経済と軍拡――産業荒廃の構図』〔藤岡惇訳〕ミネルヴァ書房
・S・レンズ（1971）『軍産複合体制』〔小原敬士訳〕岩波新書
・ジョン・ケネス・ガルブレイス（1970）『アメリカの資本主義　改定新版』〔藤瀬五郎訳〕時事通信社
・ガルブレイス（1972）『新しい産業国家　第二版』〔都留重人監訳、石川通達・鈴木哲太郎・宮崎勇訳〕河出書房新社
・P・F・ドラッカー（1974）『マネジメント――課題・責任・実践（下）』〔野田一夫・村上恒夫監訳〕ダイヤモ

ンド社
・J・K・ガルブレイス（1970）『軍産体制論――いかにして軍部を抑えるか』〔小原敬士訳〕小川出版

【あとがき】

・佐貫亦男（1975）『続ヒコーキの心』講談社

【ら行】

【わ行】

【ま行】

【や行】

【は行】

【な行】